ATOM EXPRESS

아톰 익스프레스

원자의 존재를 추적하는 위대한 모험

ATOM EXPRESS

아톰 익스프레스
원자의 존재를 추적하는 위대한 모험

조진호 글·그림 | 김상욱·김범준 감수

위즈덤하우스

감수의 글

철학부터 열역학까지, 어메이징《아톰 익스프레스》

나는《그래비티 익스프레스》(초판 제목《어메이징 그래비티》)를 읽은 후 바로 조진호 작가의 팬이 되었다. 중력 이야기를 고대 그리스 철학에서부터 시작하는 것에 매혹되었기 때문이다. 철학 입문서로 손색없을 정도의 깊이로 철학을 다룬다는 것이 그 책의 매력이었다.《아톰 익스프레스》도 마찬가지다. 작가는 다시 고대 그리스 철학으로 거슬러 올라간다. 과학책을 철학에서 시작하는 것에는 많은 이점이 있다. 사람들이 흔히 생각할 수 있는 가장 원초적인 질문으로부터 시작할 수 있기 때문이다. 결국 '원자'란 "세상은 무엇으로 이루어져 있나?"라는 오래된 질문에 대한 답이다.

고대 그리스 철학자들의 논쟁을 들여다보면 이런 질문의 답에 대해 우리가 생각할 수 있는 거의 모든 가능성을 보게 된다. 이걸 아는 것은 대단히 중요한데, 오늘의 과학이 일반인의 눈에 너무 어려워 보이기 때문이다. 과학은 왜 일반인이 할 만한 질문을 다루지 않는가? 왜냐하면 그에 대한 논의는 이미 다 끝났기 때문이다. 남은 질문은 상식이나 경험으로 접근하기 힘든 것들이다.

원자는 경험으로 쉽게 닿을 수 없는 영역에 있다. 근대의 원자라는 개념을 만드는 데 가장 큰 공헌을 한 사람들은 화학자다. 물리학자는 20세기가 들어서야 원자의 존재를 인정하게 된다. 원자라는 개념을 만들어가는 화학자들의 눈물겨운 노력이 이 책을 통해 생생히 그려진다. 플로지스톤이라는 직관적인 개념이 폐기되기까지의 과정을 아는 것은 '열(熱)'이라는 추상적 개념을 이해하는 데에 큰 도움이 된다. 중고등학교 과학 교과서가 이렇게 쓰여야 하지 않겠냐는 생각이 든다.

화학이라고 하면 소금물의 농도를 떠올리는 사람도 많다. 화학반응에서 생성되는 질량이 어쩌고 저쩌고… 이런 문제를 즐겁게 푸는 사람은 별로 없을 것이다. 하지만 원자 발견의 역사에서 이런 정량 분석은 문제의 핵심이었다. 숫자를 맞추려는 노력을 통해 원자의 본질이 서서히 그 모습을 드러낸다. 오늘날 과학의 많은 문제들은 실험과 이론이 정량적으로 불일치한 것인 경우가 많다. 언제나 하는 말이지만 수학은 자연의 언어다. 작가는 이런 부분도 놓치지 않는다.

원자를 설명하는 이론을 양자역학이라 한다. 이 책에서 양자역학까지 다루지는 않지만 이 책의 종착지는 양자역학의 시작점이다. 양자역학은 전기의 역사에서 시작된다. 원자에 있어 가장 중요한 힘이 전자기력이기 때문이다. 원자들로 이루어진 화합물의 전기분해를 연구하던 패러데이가 전자기유도 현상을 발견한 것은 이 때문이다. 전기에 대한 연구가 우리를 빛에 대한 이해로 이끈 것은 의외의 결과다. 빛을 이해하고, 전기라는 새로운 도구를 얻은 인류는 원자를 이해하는 양자역학의 여정을 떠나게 된다. 원자를 찾는 이 책의 여정에 전기가 포함되어 반갑다.

이 책에서 가장 애정이 가는 곳은 열역학에 대한 부분이다. 카르노, 줄, 클라우지우스, 볼츠만과 같은 이 분야의 대가들을 통해 어려운 개념들을 정공법으로 다룬다. 내가 알기에 국내에서 열역학을 이런 정도의 깊이로 다룬 만화책은 없다. 아니 만화책은 고사하고 과학 교양서에서도 보기 힘들다. 왜냐하면 열역학이 너무 어렵기 때문이다. 실제 책을 감수하는 과정에서 가장 많은 수정을 했던 부분도 바로 열역학이었다. 독자들이 어떻게 평가할지는 모르겠지만, 열역학을 책의 주제로 잡은 작가의 용기에 찬사를 보낸다. 이공계 학생들이 읽어도 도움이 될 정도다.

세상 만물은 원자로 이루어져 있다. 자연과학의 모든 질문은 원자로 귀결된다. 조진호 작가의 안내를 따라 모든 질문의 종착지, 원자에 다다르는 과학의 위대한 여정을 떠나보자.

2018년 11월

김상욱 (물리학자, 경희대학교 물리학과 교수)

차례

| 감수의 글 | 철학부터 열역학까지, 어메이징 《아톰 익스프레스》 | ⋯ 004 |
| PROLOGUE | 누가 원자를 보았는가 | ⋯ 009 |

CHAPTER 01	변치 않는 그 무엇 — 밀레투스에서 시작된 이야기	⋯ 019
CHAPTER 02	원자라는 가설 — 웃는 철학자와 여행을 시작하다	⋯ 031
CHAPTER 03	가설은 눈을 멀게 한다 — 라부아지에, 플로지스톤을 버리다	⋯ 047
CHAPTER 04	그러나 가설은 유용하다 — 아보가드로의 분자 이야기	⋯ 091
CHAPTER 05	무엇을 근거로 있다고 할 것인가 — 주기율표 그 위대한 탄생	⋯ 133
CHAPTER 06	전기를 따라가다 — 패러데이가 다다른 곳에 무엇이 있었나	⋯ 165
CHAPTER 07	원자를 가리키는 희미한 단서 — 에너지와 기체가 만났을 때	⋯ 217
CHAPTER 08	기체가 원자를 증명한다! — 이론물리학자들이 판을 바꾸다	⋯ 257
CHAPTER 09	원자의 화신 — 볼츠만, 엔트로피의 길을 따라 원자로 돌아오다	⋯ 291
CHAPTER 10	원자의 해변에서 — 아보가드로수로 향하는 발걸음	⋯ 319
CHAPTER 11	마침내 원자를 보았다 — 아인슈타인의 전보	⋯ 341

EPILOGUE	원자, 발견인가 발명인가	⋯ 371
글을 맺으며	존재의 의미로 이어지는 원자 여행	⋯ 383
주요 등장인물 소개		⋯ 386
참고문헌		⋯ 390
찾아보기		⋯ 391

ATOM EXPRESS
PROLOGUE

누가 원자를 보았는가

만일 기존의 모든 과학적 지식들을 송두리째 와해시키는 일대 혁명이 일어나서 다음 세대에 물려줄 과학 지식을 단 한 문장으로 요약해야 한다면? 이런 문장일 것이다. "모든 물질은 원자로 이루어져 있으며, 이들은 영원히 운동을 계속하는 작은 입자로서 거리가 어느 정도 이상 떨어져 있을 때에는 서로 잡아당기고, 외부의 힘에 의해 압축되어 거리가 가까워지면, 서로 밀어낸다."
― 리처드 파인만

무엇에든 이름을 붙이고야 마는 것이 사람의 습성인지라,
인류는 여러 가지 물질들을 세심하게 분별하여 이름을 붙이고 가지런히 분류했다.

백과사전을 다 채우고도 남을 정도로, 가짓수를 열거하는 것이 무의미할 정도로
엄청나게 많은 종류의 물질이 있다는 걸 짐작할 수 있을 것이다.

거두절미하고, 지금 깜짝 놀랄 만한 사실을 말하려 한다.
어떤 종류의 물질에든 예외 없이 작용하는 단 하나의 단순한 원리가 있다.

세상 모든 물질은 단순한 기본 입자로 이루어진다는 원리.

몇 종류 되지도 않는 기본 입자…

원자라고 하는 입자!

모든 물질은 원자로 이루어지며, 이 원자들은 서로 끌어당기기도 하고, 밀어내기도 한다.

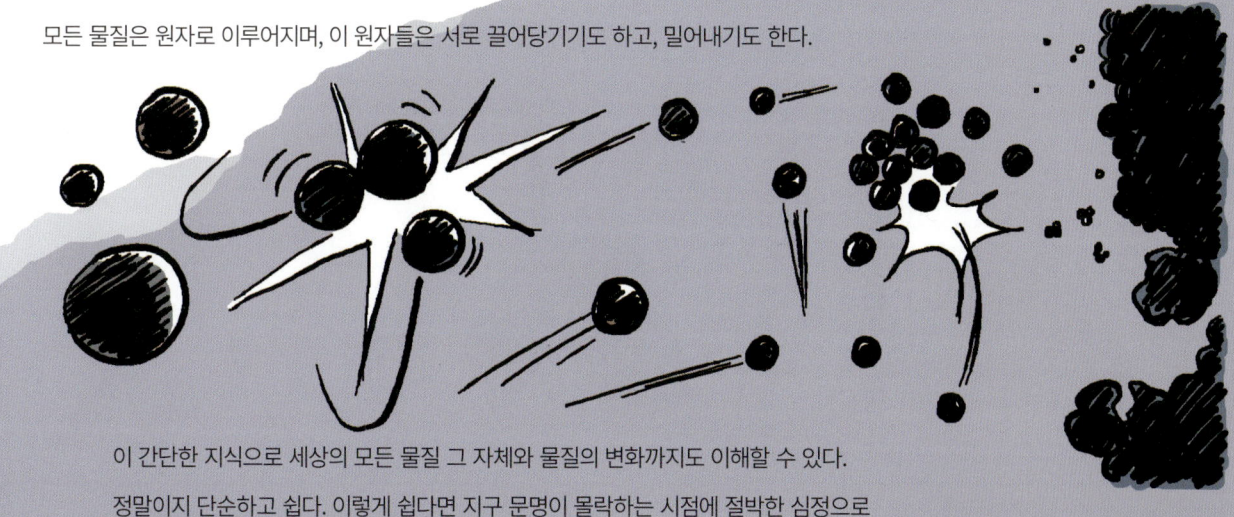

이 간단한 지식으로 세상의 모든 물질 그 자체와 물질의 변화까지도 이해할 수 있다.

정말이지 단순하고 쉽다. 이렇게 쉽다면 지구 문명이 몰락하는 시점에 절박한 심정으로 전할 필요도 없다. 살아 있는 사람들 중에 많은 사람들이 이미 알고 있을 테니.

그러나… 그 문장 하나를 남긴다 한들, 과학 문명을 재건하는 데 무슨 도움이 될까 싶기도 하다. 일종의 설화 같은 것으로 치부되지 않을까? 물질이 원자로 이루어진다는 명제에 구체적인 정보가 압축되어 있지 않은 것 같기 때문이다.

***리처드 파인만**(Richard Phillips Feynman, 1918~1988) : 20세기 최고의 물리학자 중 한 명으로 양자전기역학 이론으로 노벨 물리학상을 수상했으며, 천재성은 물론 유머와 익살까지 겸비하여 대중의 사랑을 받았던 미국 물리학자.

호그와트 마법학교나 이상한 나라의 토끼 이야기와 원자 이야기가 특별히 무엇이 다른지 모르겠다.

호그와트나 토끼 이야기는 지어낸 것이고 원자는 진짜이니 당연히 둘은 다르다고 주장할지 모르겠지만

실상은 그렇지 않다. 원자가 존재하는 것이라고 선언한 대략 100년 전에도 원자를 두 눈으로 본 사람은 아무도 없었다. 무슨 장치를 이용해도 결코 원자를 실제로 볼 수는 없었다.

진짜 존재한다는 것은 그 대상을 눈으로 보든지, 손으로 만져서 확인할 수 있다는 것이 아니겠는가.

물론 직접 보지 않고도 그 존재를 인정하기도 한다. 내가 에베레스트산을 직접 보지는 못했지만 그렇다고 그것이 진짜인지 가짜인지를 따지려 들지 않는다. 나 말고도 에베레스트산을 본 사람들이 수두룩하고, 산 사진도 여러 번 봤기 때문이다.

하지만 원자는 얘기가 다르다. 누구도 직접 보고 만지지 못했다.

무슨 근거로 과학자들은 원자가 진짜 있다고 선언했으며, 왜 우리는 그 선언을 당연한 사실로 받아들여야 하는 걸까?

과학자들의 눈은 내 눈과는 다르기라도 하단 말인가?

ATOM
EXPRESS

CHAPTER
01

변치 않는 그 무엇
밀레투스에서 시작된 이야기

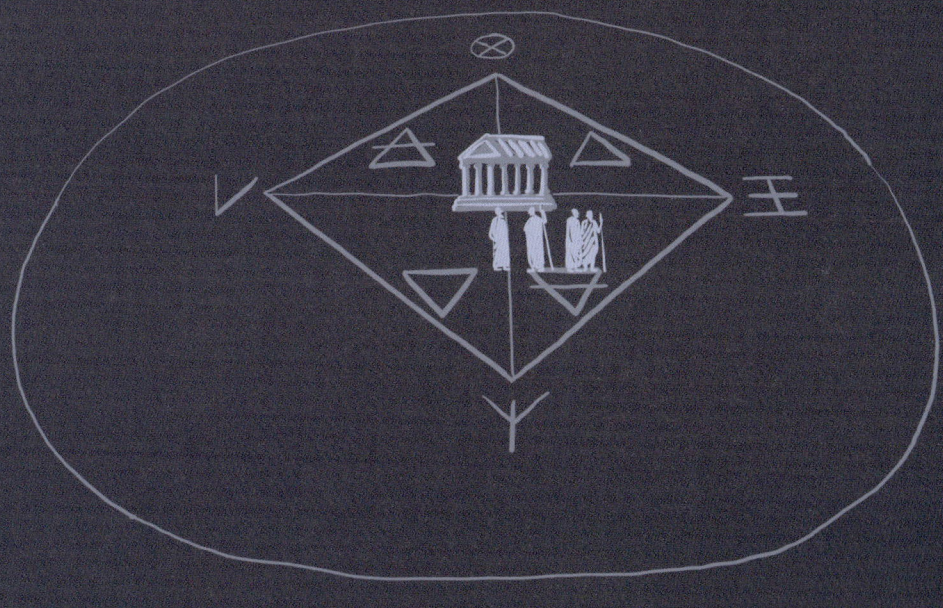

있는 것은 있고, 없는 것은 없다.
– 파르메니데스

원자를 논하기 이전에 몇몇 철학자들은 우주의 모든 물질은 한 가지 근원에서 나왔다는 주장을 했다. 종류를 헤아릴 수 없을 정도로 다양한 물질이 있는 것 같지만, 실은 한 가지 불멸의 물질이 다채롭게 변모하고 상호작용하여 나타나는 효과이며, 결국 물질이 다양하다는 인식은 인간의 감각기관과 뇌가 만든 허상이라는 것이다. 하지만 변치 않는 것은 불가능하다는 반론도 있었다. 이러한 과감한 아이디어와 치열한 논쟁 속에서 원자론이 탄생한다.

지금 만나볼 철학자들은 물질을 '이해'했다기보다는, '물질은 이런 것이다'라는 주장을 펼쳤다고 해야겠다.

*탈레스는 삼라만상의 모든 것들이, 알고 보면 '물'로부터 나왔다고 주장했다.

물!

콸 콸

아낙시메네스는 공기가 물질의 근원이라고 했다.

공기!

어떤 철학자는 불이 근원이라고 하고…

불!

아~ 정말! 따라쟁이들!

제각각의 주장이 있었지만, 복잡하고 다양해 보이는 물질들이 단 하나의 근원으로부터 나왔다는 점에서는 일맥상통한다.

이들은 그 근원이 왜 물이어야 하고, 불이어야 하느냐에 대해서는 시원스레 답하지 못했다.

내 오랫동안 가만히 관찰했소. 모든 물질들은 서로 섞여 있는 혼합물이거나, 변질되거나 하는데…

물은 순수 그 자체란 말입니다. 무엇과도 섞여 있지 않고, 변하지도 않아요.

물이 왜 안 변해요? 얼기도 하고, 끓으면서 없어지기도 하죠. 그보다는 불이 진짜죠. 불은 그 자체 외에는 달리 무엇으로 설명할 도리가 없습니다.

*탈레스(Thalēs, B.C.624~B.C.545) : 우주를 구성하는 자연적인 근원을 물이라고 주장했다. 다채로운 자연을 최초로 유물론의 입장에서 생각한 그리스 철학자.

이들의 주장에는 물이냐, 불이냐의 문제보다 중요한 것이 있다.

아낙시만드로스와 헤라클레이토스의 생각에는 특별한 점이 있다. **'인지할 수는 없더라도 존재하는 것이 있을 수 있다'**는 부분이다. 곰곰이 생각해보면 파격적인 주장이다.

*파르메니데스(Parmenides, B.C.515?~B.C.445?) : 고대 그리스 엘레아 학파의 시조. 감각은 모든 실수의 근원이며 이성만을 추종해야 한다고 주장했다. 존재와 비존재 문제에 골몰했으며 존재론과 인식론의 초석을 닦았다.

"파르메니데스, 당신 주장은 바로 반박될 수 있어요. 주변을 좀 둘러보시오. 물은 끓고, 음식은 부패하고, 구름은 나타났다 사라지고 한단 말입니다. 어디 이뿐이겠어요?"

"어제 당신이 잡수신 빵… 오늘 아침에 똥으로 변한 것을 보지 않았소?"

"픕~"

'완전한 무(無)'

"말 그대로 아무것도 없는 것이니, 무에 대해서 말하고 생각하는 건 아무런 의미가 없지요."

"그냥 없는 겁니다."

"……"

"이번에는 '존재하는 것(有)'에 대한 얘기를 해봅시다. 간단해요. 그냥 있는 겁니다."

파르메니데스 말의 요점은 없는 것과 있는 것을 구분하자는 것이다.

없음과 있음은 서로 명백히 다른 것이고

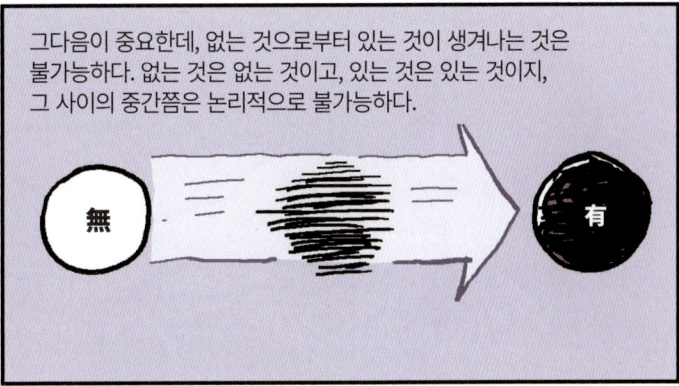

그다음이 중요한데, 없는 것으로부터 있는 것이 생겨나는 것은 불가능하다. 없는 것은 없는 것이고, 있는 것은 있는 것이지, 그 사이의 중간쯤은 논리적으로 불가능하다.

혀, 눈, 코가 우리를 혼돈의 안개 속에서 헤매게 하지만
냉철한 이성만은 안개를 뚫고 진실을 볼 수 있다.

파르메니데스는 두 가지를 경계해야 한다고 주장한다.

철학자가 의지할 것은 오로지 논리뿐이다.
자연을 그저 만끽하면 되는 보통 사람들과는 달리, 자연을 진정으로 이해하고자 하는 철학자는

*피타고라스는 파르메니데스의 말에 뛸 듯이 기뻐했다.
피타고라스는 차가운 이성, 즉 논리는 '수'로 표현되는 것이며,
실재는 물, 공기, 불 이런 것들이 아니고 '수' 자체라고 했다.

*피타고라스(Pythagoras, B.C.580?~B.C.500?) : 만물의 근원을 '수(數)'로 보았으며 플라톤, 유클리드와 함께 수학의 시조 반열에 오른 그리스 철학자.

그리스 철학자들의 논쟁에서 건질 만한 소득이 있다.
이들은 물질을 이해하기 위한 몇 가지 방법을 제안했다.

그러면서 이들은 우주와 물질을 진정으로 이해하기에 앞서,
어떤 이해 방법이 믿을 만한지를 찾아내는 게 우선이라는 것을 자연스럽게 알게 된다.

일단 물질을 면밀히 관찰하는 것이 방법이 될 수 있다.

보고 느끼는 것만큼 믿을 수 있는 게 뭐가 있단 말입니까!

때론 과감히 상상하는 것도 방법이다.

그 안에 뭔가 있을 수 있어요.

파르메니데스의 말마따나, 관찰이나 상상이 아닌 '논리'가 중요할 수도 있다.

쯧쯧…

ATOM
EXPRESS

CHAPTER
02

원자라는 가설
웃는 철학자와 여행을 시작하다

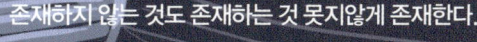

존재하지 않는 것도 존재하는 것 못지않게 존재한다.
- 데모크리토스

데모크리토스는 크게 웃으며 이렇게 말했다. '우주의 모든 물질은 몇 가지 종류의 원자로 되어 있다네. 이게 다야.' 이유가 뭐냐는 질문에 이렇게 답했다. '이유는 무슨… 그냥 생각이지. 관심이 가거든 당신들이 원자가 있는지 없는지 검증해보면 될 거 아니오.' 데모크리토스의 이러한 사고방식은 놀랍도록 현대적이다. 데모크리토스의 이 단순한 생각이 우리가 떠날 여행의 출발점이다.

*플라톤(Platon, B.C.427~B.C.347) : 소크라테스의 제자이며 아리스토텔레스의 스승으로 이데아론(형이상학)으로 유명한 그리스 철학자. 이 책의 흐름과 달리 실제로는 유물론자 데모크리토스의 사상을 배척했던 것으로 알려져 있다.

우리 세 사람은 원자로 가는 기차를 기다리고 있다. 원자는 데모크리토스로부터 시작되었다.

***아리스토텔레스**(Aristoteles, B.C.384~B.C.322) : 수많은 학문 분야를 넘나들며 백과사전식으로 연구 기록을 남긴 그리스의 철학자로, 후대 학문에 큰 영향을 끼쳤다. 플라톤의 이데아론을 부정했으며 유물론적 학문관을 견지했다.

딱딱하거나 무르거나, 저마다 다른 색깔이 있거나 독특한 냄새가 나는 등, 물질들은 제 나름의 특징을 지니고 있다.

이 특징들은 알고 보면 물질의 본질이 아니라 원자들의 충돌과 접촉에 의해 나타나는 표면적인 현상일 뿐이다.

인간의 감각기관을 통해 들어온 정보를 뇌가 해석하는 과정에서 본질은 혼탁해진다.

사탕이 단 이유는 사탕을 이루는 원자들의 모양이 둥글기 때문일지도 모른다

매운 맛이 나는 이유는 원자들의 형태가 뾰족하기 때문이 아닐까?

소리라는 것도 공기를 이루는 수많은 원자들의 복잡한 상호작용의 결과일 수 있다.

바위, 물, 사탕, 소금 등등 수많은 종류의 물질이 있는 것 같지만,

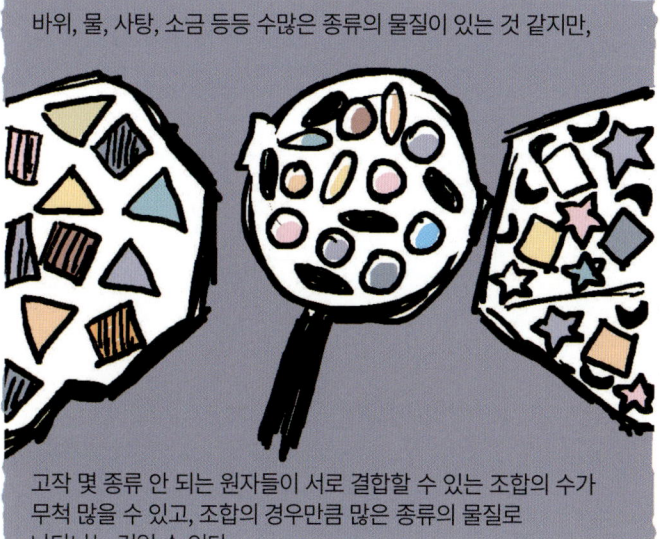

고작 몇 종류 안 되는 원자들이 서로 결합할 수 있는 조합의 수가 무척 많을 수 있고, 조합의 경우만큼 많은 종류의 물질로 나타나는 것일 수 있다.

모래, 소금, 사탕 같은 물체들을 우리가 만질 수 있고 볼 수 있어서 당연히 '진짜'라고 여기지만 진정한 진짜는 원자라는 것이 데모크리토스의 주장이다.

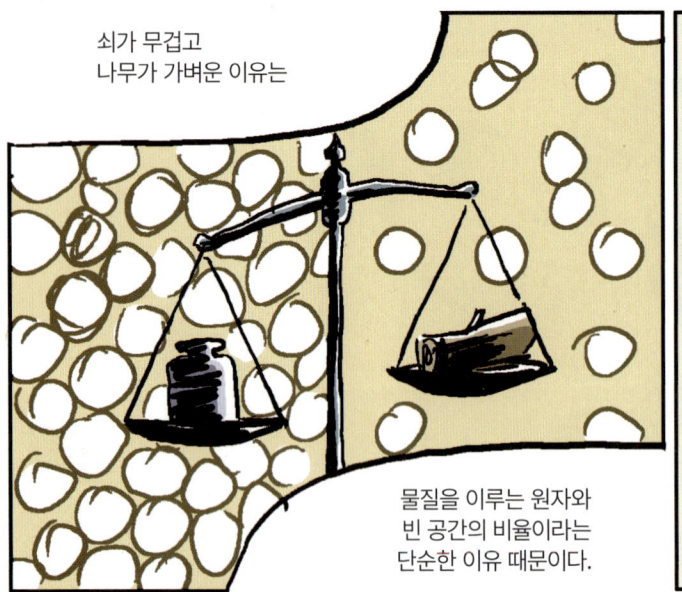

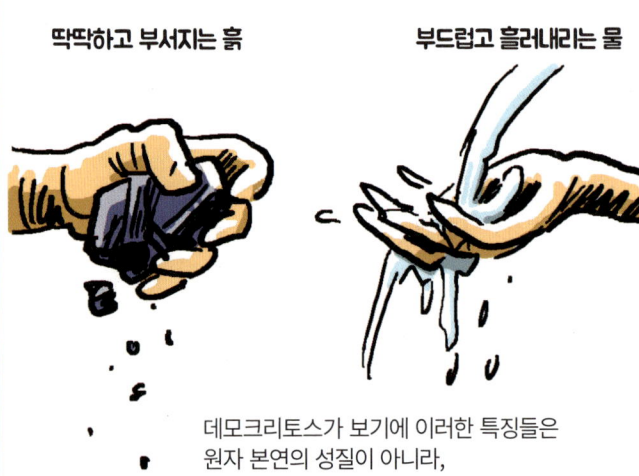

데모크리토스의 원자론은
놀랍도록 단순하다.

원자론은 파르메니데스의 논리를 거스르지도 않는다.
원자는 영원불멸하며 변화란 것이 없기 때문에,
파르메니데스가 말하는 '실체'로서의 자격이 있다.

플라톤은 원자를 찾는 여정이 큰 의미가 있다고 생각한다. 플라톤의 사상은 파르메니데스의 사상과 동일한 선상에 있는데, 플라톤의 유명한 '동굴 안의 죄인' 비유에서 그의 생각을 읽을 수 있다.

ATOM
EXPRESS

CHAPTER
03

가설은 눈을 멀게 한다
라부아지에, 플로지스톤을 버리다

우리는 사실에만 의존해야 한다. 사실이란 자연이 준 것이라서 속이지 않기 때문이다.
억지로 진리를 찾으려 하지 말고 실험과 관찰이 주는 자연의 길을 따라야 한다.
- 앙투안 라부아지에

무언가가 있다고 가정하고 물질을 탐구하는 것. 이것은 탐구라기보다 일종의 신념이 아닐까? 물질을 알고자 하는 데 과연 이 방식이 신뢰할 만한가? 가설이라는 것에 회의를 품었던 한 사람은 좀더 믿을 만한 것을 찾았고… 그는 저울로 재서 나오는 수치, 누가 언제 측정하든 늘 한결같은 '질량'만이 유일하게 신뢰할 수 있는 것이라고 생각한다. 그의 놀라운 탐험을 쫓아가보자.

예로부터 사람들에게 물질은 '생각할 거리'가 아니라 '다루는 대상'에 지나지 않았다.

사람들의 삶을 송두리째 바꿔놓은 기술 중에는 단연 금속을 다루는 기술이 있다. 청동기를 만들 줄 알게 되자, 인류의 삶은 비약적으로 달라졌다.

돌을 쓰던 과거로 결코 돌아갈 수 없게 된다.

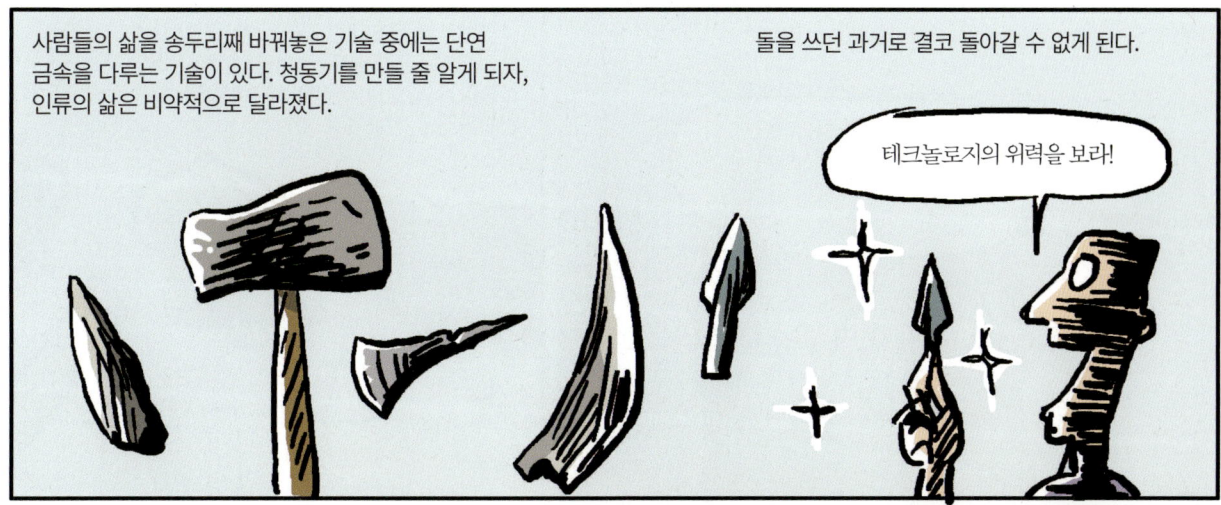

테크놀로지의 위력을 보라!

초창기에 금속을 다루는 수준이란, 자연 상태로 종종 발견되는 금속을 주워와서 쓰는 정도였다.

반짝이 득템했어. 우하하~

부럽…

단단한데 유연하기까지 한 금속을 잘만 다듬을 수 있다면 엄청나게 편리한 도구로 탈바꿈시킬 수 있지만, 문제는 다듬고 변형하기가 여간 어렵지 않다는 것이었다.

끄아!

유일한 방법은 열을 가해서 금속을 무르게 하는 것이다.

갑자기 그 집게는 어디서 났어?

금속은 대개 쓸모없는 흙들과 섞여 있는데, 흙을 제거해서 순도 높은 금속을 얻으려면 마찬가지로 열을 가하면 된다.

이처럼 금속을 다루는 기술은 불을 다루는 기술과 직결된다.

이거였어…

불을 다루는 기술의 핵심은 얼마만큼 뜨거운 불을 지필 수 있느냐였다.

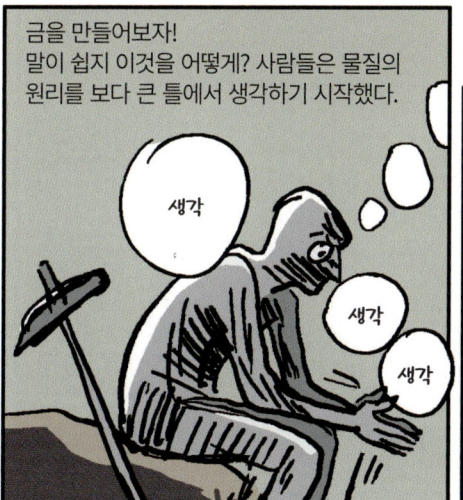

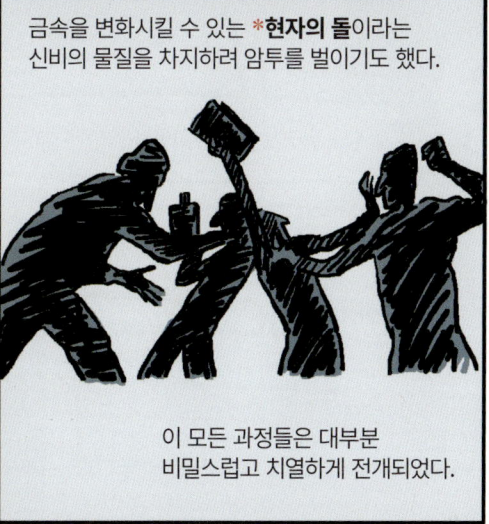

***현자의 돌**(Philosopher's Stone) : 수많은 연금술사들이 만들기 위해 일생을 바쳤던 꿈의 물질. 가장 완벽한 불멸의 물질이자 불완전한 물질들을 완전하게 바꿀 수 있다고 여겨졌다. 비금속을 금속으로 바꾸고 금을 무한대로 만들 수 있는 능력을 지녔다.

연금술이 후대에 전해준 유산이 전혀 없었던 것은 아니다.

이보다 더 큰 유산은, 온갖 화학적 기술과 이를 실행하는 데 쓰였던 실험 도구의 발명이라고 할 수 있다.

연금술사들은 포도밭에서 금을 찾는 사람으로 비유할 수 있다.

금을 만들어내지는 못했지만, 연금술사의 후예들은 물질을 가지고 이것저것 해보는 것을 멈추지 않는데,

요상하게도… 어쩌면 금보다 찬란한 것이 물질을 연구하는 과정에서 언뜻언뜻 보이는 느낌을 받았기 때문이다.

지금부터 그들을 연금술사가 아닌 화학자들이라 부르겠다.

화학자들은 어떤 물질과 다른 어떤 물질을 섞고, 흔들거나 열을 가하면

간혹 격렬한 반응을 일으킨 후에 전혀 다른 물질이 만들어지는 것을 잘 알고 있었다.

이것은 꽤나 재미가 있었다.

쉭 소리가 나기도 하고 경우에 따라서는 폭발하기도 했다.

*블랙은 화학 실험을 하면서 저울을 항상 옆에 끼고 있었는데

그의 저울에 대한 집착은 유별났다.

***조지프 블랙**(Joseph Black, 1728~1799) : 영국의 화학자로 고정 공기를 분리해냈고, 비열과 잠열을 발견했으며 열량 측정을 최초로 시도했다. 화학 연구에서 중량을 중요시하는 등 정량적 연구에서도 선구자로 평가받는다.

그는 실험의 단계마다 반응물과 생성물의 무게를 측정해 비교했다.

무게가 늘어났다면 무언가가 첨가되었다는 것이고

줄어들었다면 무언가가 빠져나간 것이라는 믿음이 있었다.

어찌 보면 당연한 소리 같지만, 이 대목이 매우 중요하다!

블랙은 무언가가 빠져나가거나 들어오거나 하는 것을 눈으로 확인하는 것보다

무게를 재는 것이 더욱 확실하다고 생각한 것이다.

블랙은 저울이 대단히 중요하다는 생각에 더욱 정밀한 저울을 구하기 위해 노력했다.

블랙은 화학반응을 통해 만들어지는 물질 중에서 특히 기체에 관심을 기울였다.

기체는 고체와 달리 대개 색깔이 없고, 무게가 대단히 작았다.
그러나 블랙은 뛰어난 장비, 특히 정밀한 저울이 있었기에 그것들이 얼마나 만들어지고, 없어지는지를 식별할 수 있었고

무게 차이는 그 기체들이 서로 다르다는 증거라고 여겼다.

* **고정 공기**(fixed air) : 화학자 블랙이 최초로 발견한 오늘날의 이산화탄소.
** **조지프 프리스틀리**(Joseph Priestley, 1733~1804) : 이산화탄소를 녹인 물, 즉 소다수를 최초로 발명했으며, 일산화질소, 이산화질소, 암모니아, 이산화황, 산소 등등 수많은 기체를 발견하여 기체 화학의 아버지라 불리는 영국의 과학자이자 플로지스톤설의 신봉자.

프리스틀리를 불멸의 화학자로 만든 기체는 고정 공기가 아닌 다른 기체다.

***탈플로지스톤 공기**(dephlogisticated air) : 프리스틀리가 지은 명칭으로, 현재의 산소를 가리킨다.

* **헨리 캐번디시**(Henry Cavendish, 1731~1810) : 영국의 과학자로 지독하게 내성적인 은둔자였다. 우연히 계단에서 하인과 마주친 후 뒤쪽에 자기만 다니는 계단을 따로 만들었다는 등의 일화가 수두룩할 정도다. 캐번디시는 화학 분야는 물론 전기, 중력 분야에서도 타의추종을 불허하는 업적들을 남겼다.

** **가연성 공기**(inflammable air) : 오늘날 수소로 일컬어지는 기체.

61

가연성 공기와 탈플로지스톤 공기가 혼합된 기체를 폭발시키자 용기 안에 이슬 같은 것이 맺혔는데

캐번디시는 이슬이 다름 아닌 평범한 물이라는 것을 확인했다.

깜짝 놀랄 만한 결과였다. 최초로 물을 인공적으로 만들어낸 이 실험은 고대 4원소설의 원소 중 하나로 놓을 만큼 순수한 물질로 여겨졌던 물이 두 기체가 섞인 혼합물이라는 것을 암시하고 있다.

지적 욕망에 불타오르는 캐번디시는 더욱 가열차게 실험을 몰아붙였다.

이번에는 두 기체의 양을 달리 하면서 폭발시키는 실험을 반복했다. 그는 무수한 반복 실험을 통해서, 두 기체가 남김없이 소진될 때의 각각의 양을 알게 된다.

도대체 캐번디시는 무엇을 알고 싶었던 것일까?

그는 물을 만들기 위한 두 기체 사이의 비율을 구하고 싶었던 것이다.

캐번디시는 양의 관점에서 봤을 때, 두 기체의 무게보다 부피의 비율에서 놀라운 결과를 보게 된다.

가연성 공기와 탈플로지스톤 공기의 부피 비율이 정확히 2 대 1일 때 기체들이 전혀 남지 않고 물이 되었다.

정확히 정수로 된 비율이다.

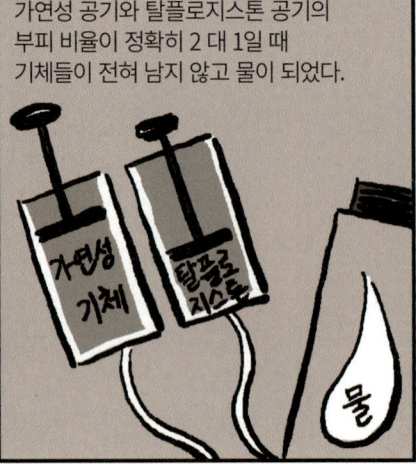

이상하지 않은가?
왜 정수비가 나오는지 말이다. 왜?

물론 우연의 일치일 수 있다.
지구에서 봤을 때 태양과 달의 겉보기 크기가 똑같은 것처럼 말이다.

하지만 가연성 공기와 탈플로지스톤 공기의 부피비가 정수비가 나왔다는 점은 기억하고 넘어가도록 하자.

캐번디시는 가연성 공기와 함께 마지막 실험의 길로 나선다.

이번에는 가연성 공기와 보통 공기를 섞어 역시나 스파크를 일으키는데, 이때도 물이 생겼다.

부피라는 양으로 보았을 때, 보통 공기의 대략 20퍼센트가 사라진다는 것을 확인한다.

무슨 뜻일까?

물이 만들어지는 과정에서 보통 공기 안의 탈플로지스톤 공기가 쓰인 것이다.

캐번디시는 보통 공기에 탈플로지스톤 공기가 20퍼센트 정도 섞여 있다고 해석한다.

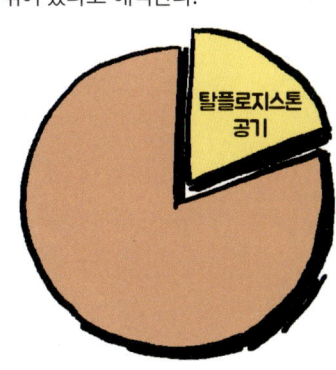

캐번디시는 물이 순수하지 않다는 것과
가연성 공기와 탈플로지스톤 공기가 반응하여 물이 만들어지는 실험을 통해

공기 또한 순수하지 않다는 것,
공기 안에 탈플로지스톤 공기가 20퍼센트 정도 섞여 있다는 실험을 통해

즉, 물과 공기는 여러 요소들이 섞여 있는 혼합물일 수 있다는 것을 알아낸다.

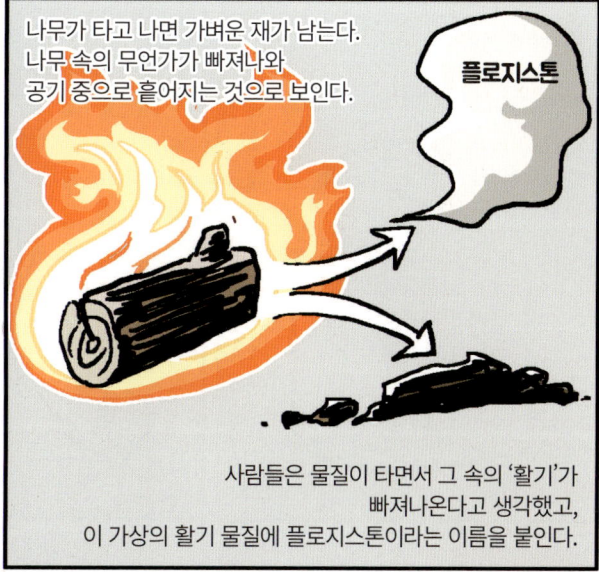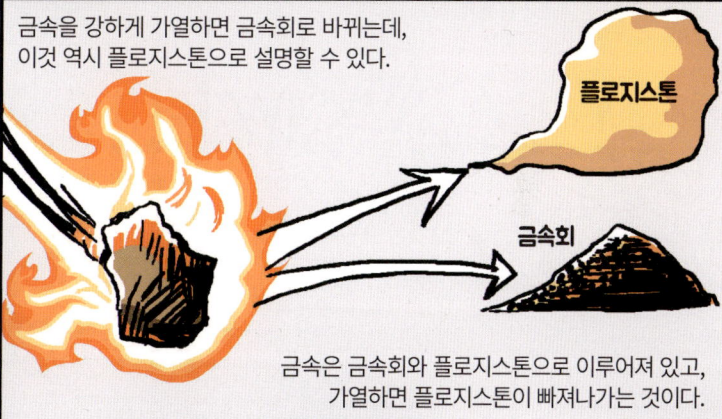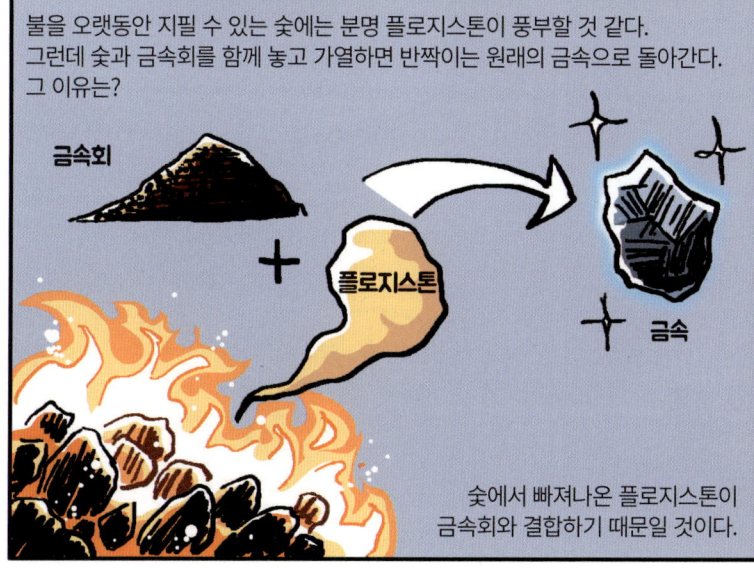

프리스틀리는 탈플로지스톤 공기를 얻기 위해 다음의 단계를 밟았고, 플로지스톤 이론을 적용하여 해석한다.

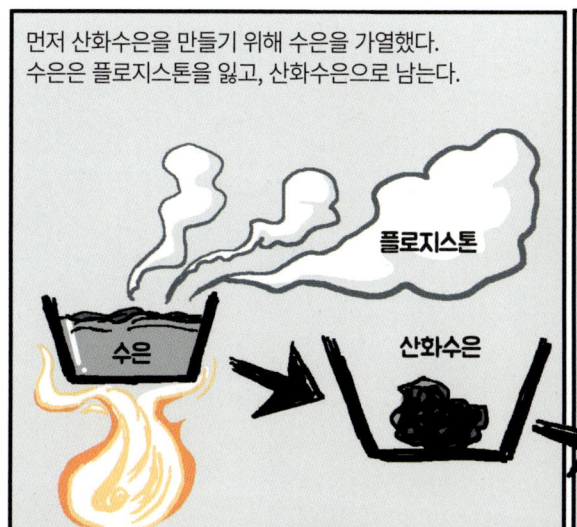

어떤 기체가 폭발하는 정도는 그 기체에 포함된 플로지스톤의 함량에 달려 있다.

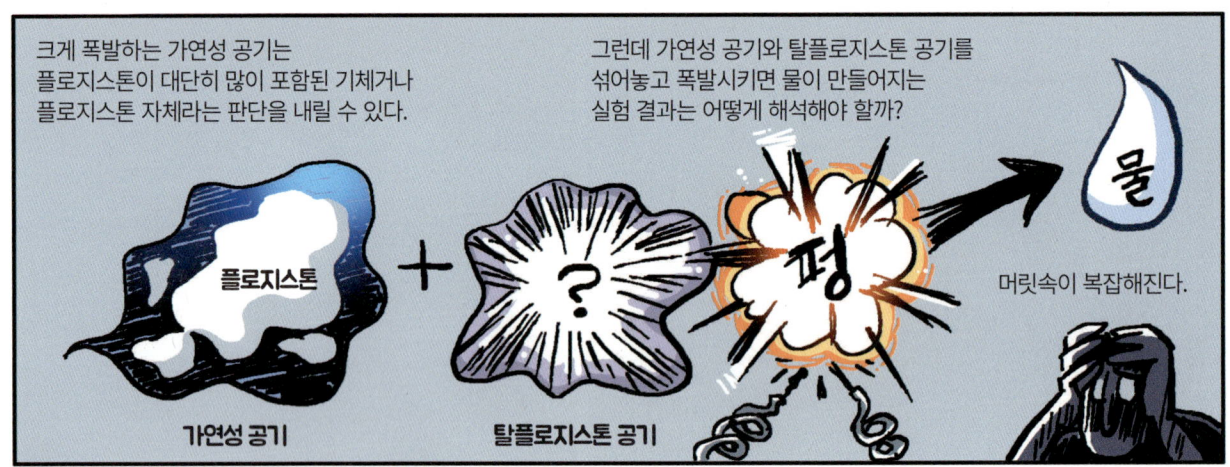

가연성 공기와 탈플로지스톤 공기 모두 물이 포함되어 있다.
둘의 차이는 하나는 양의 플로지스톤,
다른 하나는 음의 플로지스톤을 가진다는 것.

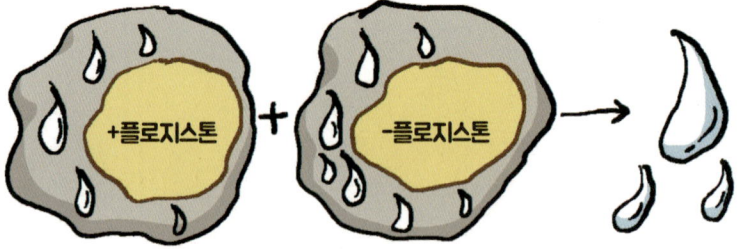

(물+플로지스톤) + (물-플로지스톤) → 물
둘이 반응하면 플로지스톤은 상쇄되어 없어지고 물만 남는다.
이렇게 되면 실험 결과와 부합하게 되는 것이다.

플로지스톤주의자들의 머릿속에는 두 가지 믿음이 자리 잡고 있다.

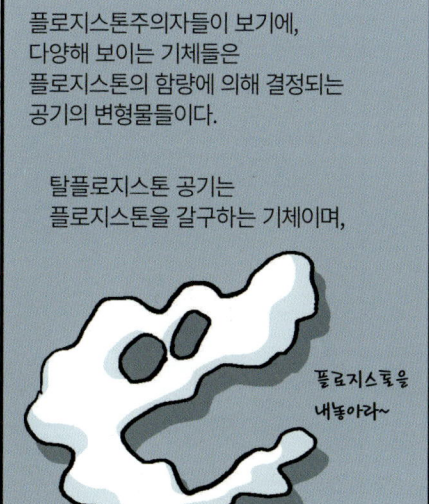

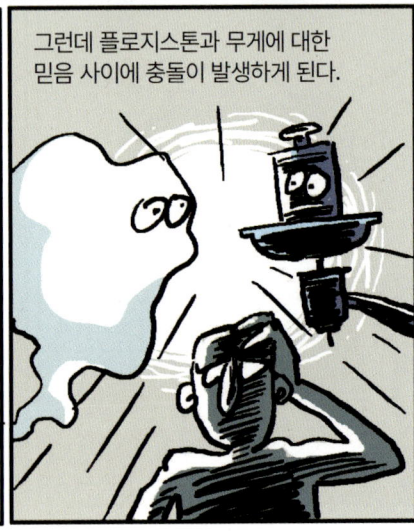

돌파구를 찾기 위해 *라부아지에 부부를 만나보자.

*앙투안 라부아지에(Antoine Laurent Lavoisier, 1743~1794) : 질량 보존을 중시했으며 객관적인 정량적 실험의 토대를 닦아 화학의 아버지로 불리는 프랑스의 과학자.

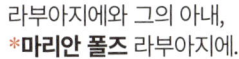

***마리안 폴즈**(Marie-Anne Pierrete Paulze, 1758~1836) : 14살에 28살의 라부아지에와 결혼하여 남편의 과학 조수, 과학 삽화가, 번역가로 활동했다. 라부아지에의 학문적 동반자로 평가받고 있다.

당시 신출내기 과학자였던 라부아지에는 이미 명성을 날리던 프리스틀리를 파리에서 만나는 기회를 잡아챈다.

프리스틀리는 자신이 탈플로지스톤 기체를 만드는 과정과 그것을 해석하는 방법에 대해서 자세한 설명을 늘어놓았다.

라부아지에는 토씨 하나 빠뜨리지 않고 모든 것을 머릿속에 주워 담는다.

나중에 라부아지에는 프리스틀리의 실험을 정확히 재현해보고, 화학의 혁명을 일으킨다.

화학 실험을 할 때 실험 전과 후의
물질의 양이 똑같아야 한다는 것.

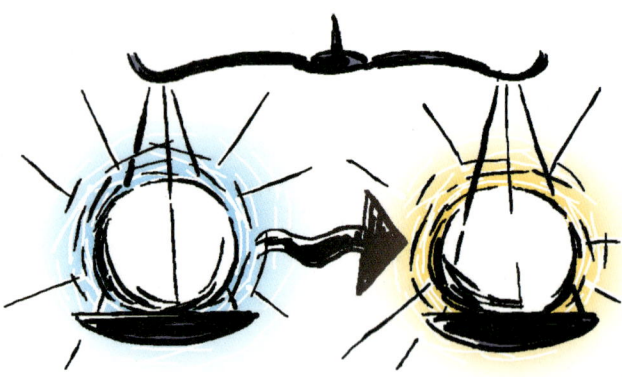

*질량 보존의 법칙이라 일컫는 것이다.

화학반응에서 일정한 양의 물질들이 조합되며 형태에 변형이
일어날지언정, **총 질량의 변화는 결코 없다**는 것이다.

사실 이것은 언급했듯이 믿음이라고 할 수 있지만
질량 보존의 법칙이 라부아지에가 의지하고 싶은 유일한 도구였다.

그가 어떻게 사고하고 실험했는지 쫓아가보자.

***질량 보존의 법칙**(law of conservation of mass) : 화학반응에서 반응물질의 질량과 생성물질의 질량이 같다는 법칙. 물질은 소멸하거나 새로 생성되지 않는다는 의미를 담고 있다.

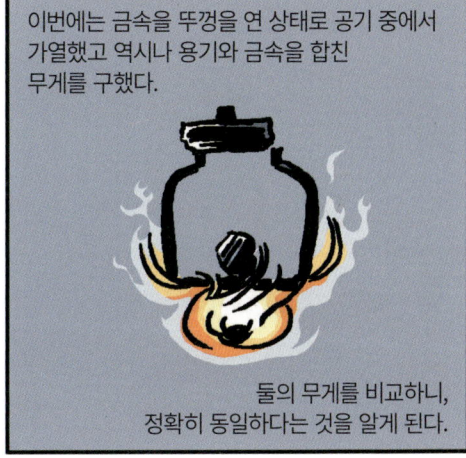

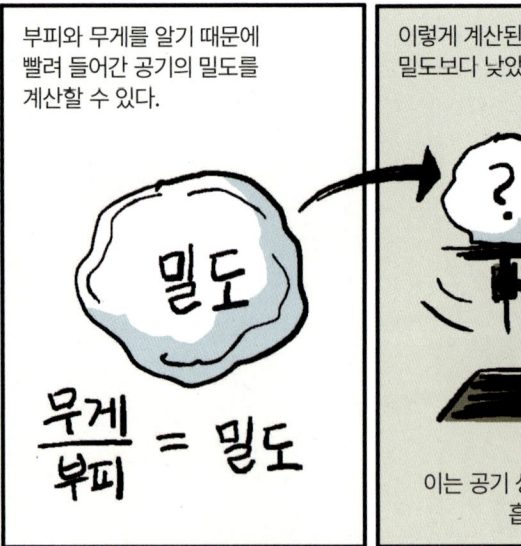

플로지스톤주의자들이 물이 만들어지는 것을 어떻게 해석했던가.

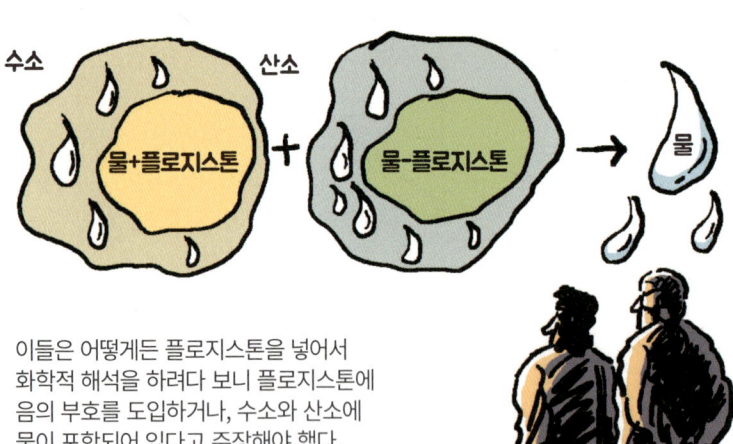

이들은 어떻게든 플로지스톤을 넣어서 화학적 해석을 하려다 보니 플로지스톤에 음의 부호를 도입하거나, 수소와 산소에 물이 포함되어 있다고 주장해야 했다.

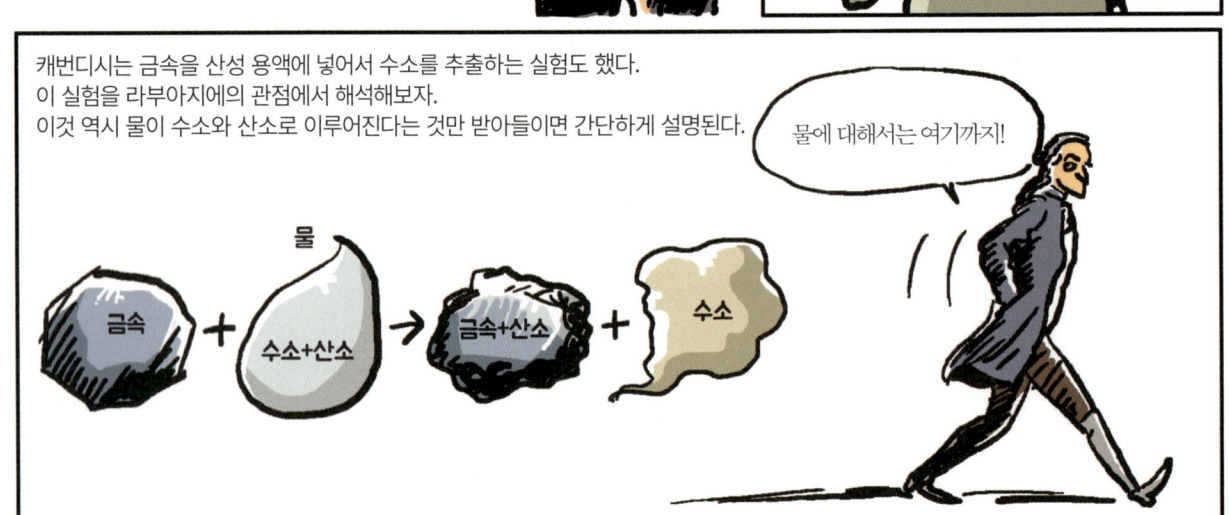

블랙이 발견한 고정 공기의 정체는 무엇일까?

나무를 태우거나, 양조장의 맥주통에서도 나오고,
우리가 내뱉는 숨 속에도 포함되어 있는 고정 공기는
라부아지에가 늘 하던 방식대로 탐구한 결과,

다름 아닌 산소와 탄소의 화합물이라는
결론에 도달한다.

고정 공기는 수소와 산소 같은 단일한 기체가 아니라,
두 가지 원소의 화합물이었다.
이를 후대에 이산화탄소라고 부르게 된다.

라부아지에의 외로운 탐사는 계속되었지만,
그를 뒤쫓는 것은 이쯤에서 멈추자. 라부아지에의 탐사를 극히 일부분만 보았을 뿐이지만
우리는 그가 과학 하는 방식을 충분히 파악한 셈이다.

그는 실험에서 나오는 확실한 결과, 즉 물질의 무게,
부피 같은 것에만 의미를 두고 실험을 진행했고,
결과를 있는 그대로 해석했다.
부연 설명이나 앞서가는 가정은 보태지 않았다.

라부아지에는 이전의 화학자들이 하지 않은 방식으로
새로운 길을 개척했다.

라부아지에의 *《화학원론》은 그가 물질을 탐구하는 철학을 명확히 알려준다.

이 책을 간단하게 요약하면 이렇다.
사람의 머리에서 나오는 관념을 버리고,
닥치고 측정하고 기록한다!

라부아지에는 버리고자 하는 것들과
얻고자 하는 것을 명확히 하는데…

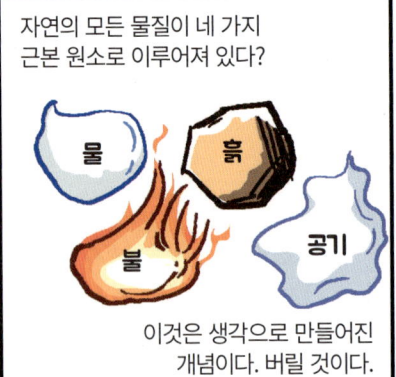

자연의 모든 물질이 네 가지 근본 원소로 이루어져 있다?

이것은 생각으로 만들어진 개념이다. 버릴 것이다.

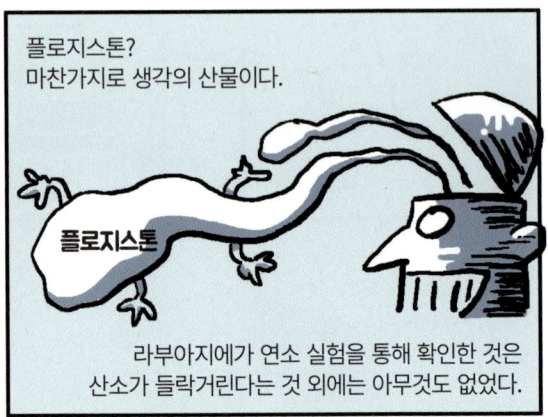

플로지스톤? 마찬가지로 생각의 산물이다.

라부아지에가 연소 실험을 통해 확인한 것은 산소가 들락거린다는 것 외에는 아무것도 없었다.

라부아지에는 이론이라는 걸 만들지도 않았다. 그가 자신 있게 말할 수 있는 것은 실험의 결과들뿐이다.

불에 탈 수 있는 물체 주변에 산소가 있다면 열과 빛을 방출하면서 연소가 일어난다는 것.

연소는 항상 산소의 흡수를 동반한다는 것. 그로 인해 무게가 증가할 수 있다는 것.

물은 수소와 산소의 결합이라는 것.

이산화탄소는 탄소와 산소의 화합물이라는 것.

이런 결과들 말이다.

실제 실험에서 나온 사실들이 지지해줄 수 없는 추측이 남아 있다면 말끔히 없애야 한다.

*《화학원론(Elementary Treatise of Chemistry)》: 라부아지에가 1789년에 출간한 최초의 근대적 화학 교과서.

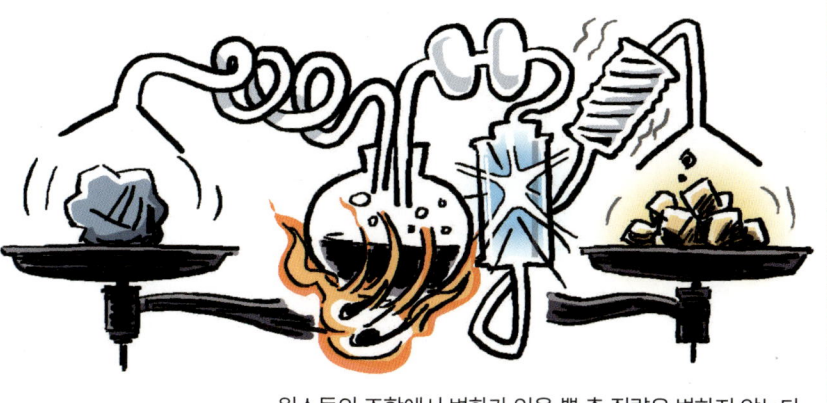

아무것도 새로 창조되거나 파괴될 수 없다는 것을 명백한 원칙으로 세웠기 때문에, 실험 전후에 저울로 측정했을 때 항상 똑같은 양의 물질이 존재해야만 한다.

원소들의 조합에서 변화가 있을 뿐 총 질량은 변하지 않는다.

라부아지에는 물질을 가리키는 이름을 개선할 필요도 느꼈다.

《화학원론》에서는 물질을 통일된 형식으로 표기하자고 제안하고 있는데, 어떤 물질의 조성을 밝혀냈다면 그 물질의 이름을 보고 조성을 파악할 수 있도록, 정리된 표기 체계를 갖추어야 한다는 것이 핵심이었다.

훌륭한 과학은 훌륭한 언어에 절대적으로 의지하죠.

이름 짓기는 정말 중요한 것 같습니다.

라부아지에의 《화학원론》에도 원소라는 단어가 많이 등장한다.

그의 원소는 고대의 4원소도, 플로지스톤도 당연히 아니다.

라부아지에가 말하는 원소란 무엇일까?

이 질문은 매우 중요하다!

라부아지에는 자신이 정의한 방식대로 원소를 찾아냈고 30여 개의 원소가 《화학원론》에 소개되어 있다.

이 원소들 중 일부는 나중에 화학 기술이 발전하면 화합물로 판명될지도 모른다는 부연 설명과 함께…

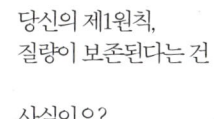

확실하진 않지만 질량의 특성을 열거할 수는 있다.

말 그대로 물질의 양으로, 저울로 잴 수 있다.
무거우면 질량이 크고, 가벼우면 질량이 작다.

시간이 흘러도 질량은 그대로고

누가 재더라도 질량은 그대로이며,

화학반응에서 물질이 어떤 일을 겪더라도 질량에는 손실이나 보탬도 없다.

그런데 질량이 도대체 무엇이란 말인가?

***갈릴레이**는 질량에 대해서 간략히 언급했다.

다가오는 두 물체가 정면으로 충돌했고,

충돌 이후 두 물체가 동일한 일직선을 따라 서로 반대 방향으로 멀어지는데

이때 두 물체의 운동량은 똑같고

만일 정면 충돌한 두 물체가 동일한 속력으로 멀어지고 있다면
두 물체의 질량은 동일한 것이다!

달리 말하자면, 질량을 모르는 두 물체를 같은 힘으로 밀었는데, 같은 속도로 나아간다면…

두 물체는 질량이 똑같은 것이지.

***갈릴레오 갈릴레이**(Galileo Galilei, 1564~1642) : 근대의 정량적 자연관 수립에 큰 역할을 하여 근대과학의 아버지라 불리는 이탈리아의 과학자.

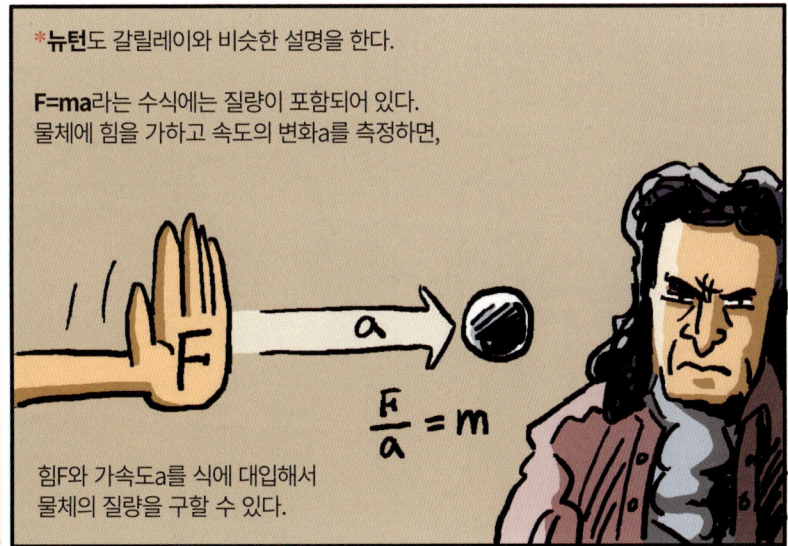

질량을 매번 이런 식으로 번거롭게 구할 필요는 없다.

***아이작 뉴턴**(Isaac Newton, 1642~1727) : 근대과학 성립에서 크게 기여한 영국의 과학자. 뉴턴의 기계적 과학관은 계몽사상의 발전에 큰 영향을 주었다.

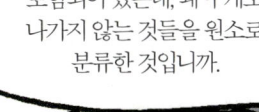

세무 공직자였던 라부아지에는 프랑스 혁명의 혼란 중에 유죄를 선고받고 사형당했다.

아직은 라부아지에를 보낼 수 없다.

ATOM
EXPRESS

CHAPTER
04

그러나 가설은 유용하다
아보가드로의 분자 이야기

철학자는 과학에 절대적으로 필요한 것이 무엇인지 수없이 떠들어대는데,
우리가 아는 한, 그것은 언제나 다소 무지하고 대부분 잘못된 것이다.
– 리처드 파인만

물질을 화학적으로 합성시키고, 분해시키는 연구에서 원자론은 다시 돌아온다. 원자를 가정하면 화학을 체계적으로 정리할 수 있기 때문이다. 이렇게나 유용한데, 굳이 왜 철학을 들먹이면서 원자론을 버려야 한단 말인가. 실용성을 추구하는 쿨한 화학자들의 모험을 따라가보자.

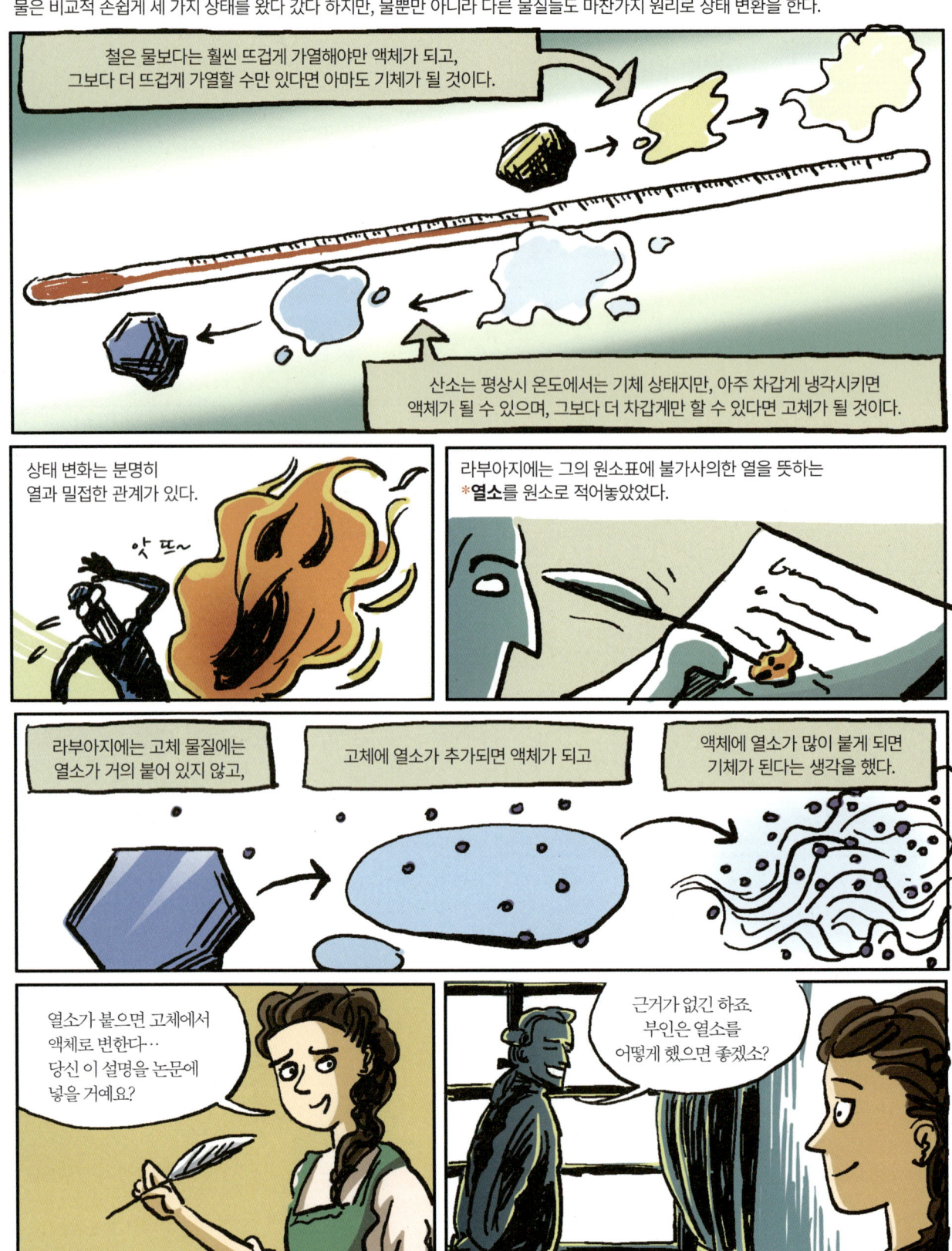

*존 돌턴(John Dalton, 1766~1844) : 화학에서의 원자 개념을 정립한 영국의 과학자. 고유의 크기, 질량을 가지는 원자들이 결합하여 화합물을 생성한다는 근대적 원자설을 수립했다.

돌턴은 원자에
무게라는 속성을 추가한다.

데모크리토스는 원자가 형태와 크기라는
속성밖에 가지고 있지 않다고 했지만,

그는 무게라는
속성을… 억~

놓친 것 같아.

원자는 당연히 무게가
있어야 하고, 원자의 종류마다
무게가 제각기 다를 테지.

그런데 여기서 문제 발생!

산소와 질소 원자는 무게 차이가 있는데,
대기 중에서 무거운 산소가 아래로 가라앉고,
가벼운 질소가 위로 떠오르지 않는
이유가 무엇일까?

산소와 질소가
균질하게 섞여 있는 것이
대기인데 말이야…

뜨헉…

이것보다 이상한 점은 액체나
고체와 달리 기체는 원자 사이의
공간이 넓다는 것… 왜?

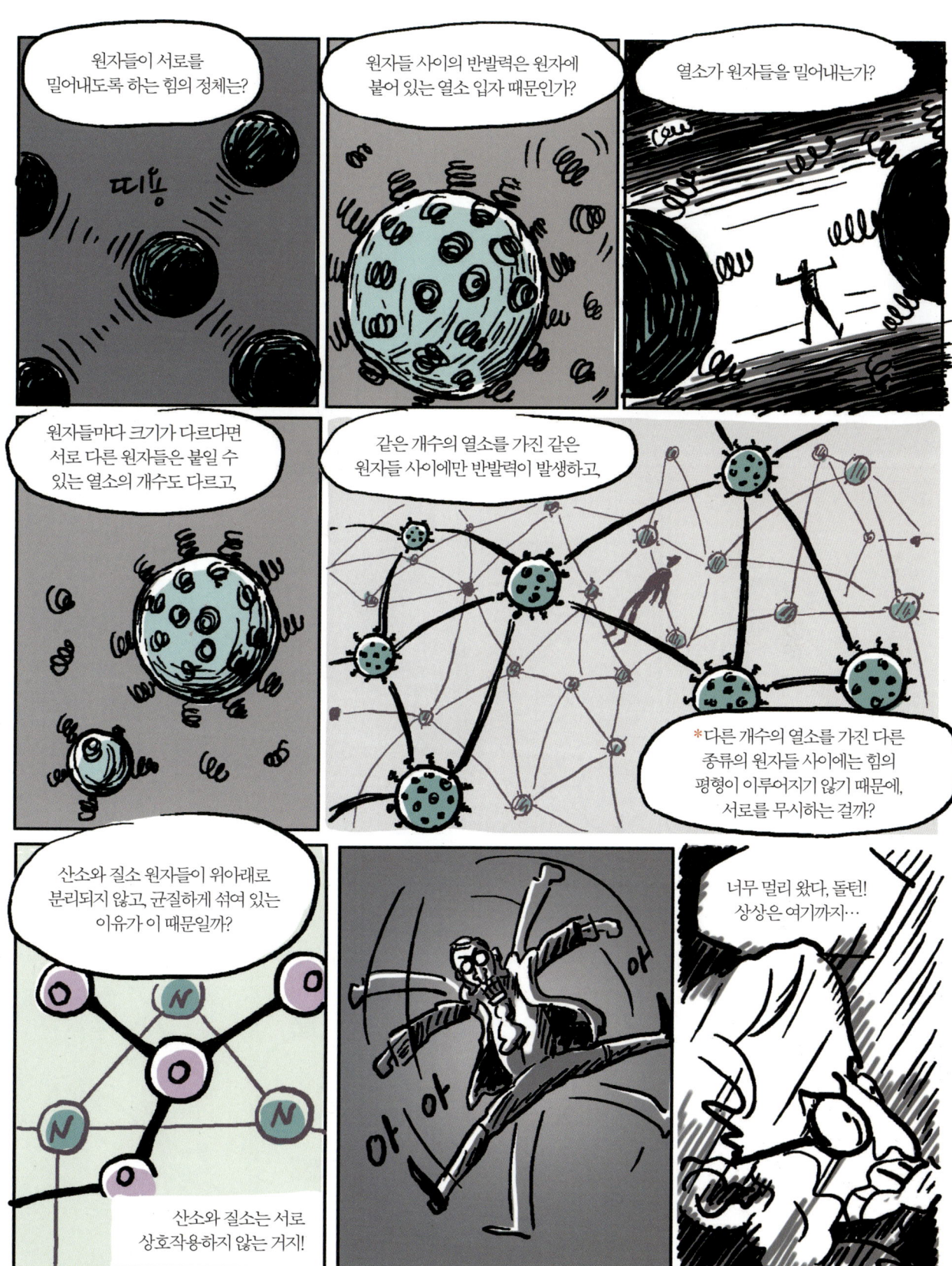

* **돌턴의 부분 압력의 법칙**(Dalton's Law of Partial Pressures) : 혼합 기체의 전체 압력은 각각의 기체들의 부분 압력을 더한 값과 같으며, 한 가지 기체의 부분 압력은 섞여 있는 다른 기체들과 관계가 없다는 법칙. 이 법칙을 유도했던 과정은 현대적 방식과 차이가 크다.

돌턴의 이성이 상상력을 바닥으로 끌어당겨, 더 높이 날아오르지 못한다.

돌턴은 과학자이기에 엄밀함을 추구해야 한다.

원자의 존재를 뒷받침할 확실한 실험적 증거가 필요하다!

급기야 그는 중요한 근거 하나를 포착한다.

돌턴의 근거 1

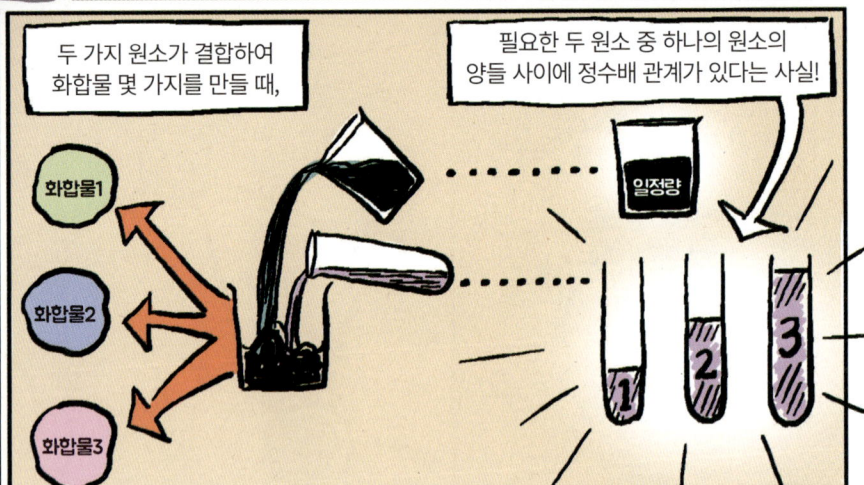
두 가지 원소가 결합하여 화합물 몇 가지를 만들 때,

필요한 두 원소 중 하나의 원소의 양들 사이에 정수배 관계가 있다는 사실!

이해를 돕기 위해 예를 들어보자.

질소와 산소가 반응하여 만들어지는 화합물은 몇 가지가 있는데,

이때 일정량의 질소와 반응하는 산소의 질량을 측정해보면, 산소의 질량값 사이에 정수배 관계가 있다.

돌턴은 쾌재를 불렀다.

물질을 확대하다 보면 어느 시점에 불연속적인 모습을 볼 수 있다.

원자다!

원소 간 화학반응으로 화합물이 생겨날 때, 원소를 이루는 원자들이 새롭게 조립되며 다른 원자 배열을 만드는 것이다.

질소와 산소가 화학적으로 결합한다는 것은 원자 단위가 결합하여 새로운 원자 결합 상태를 만드는 것이다.

이때, 결합하는 방법은 생각보다 많지 않다.

$N_2O, NO, N_2O_3, NO_2 \cdots$

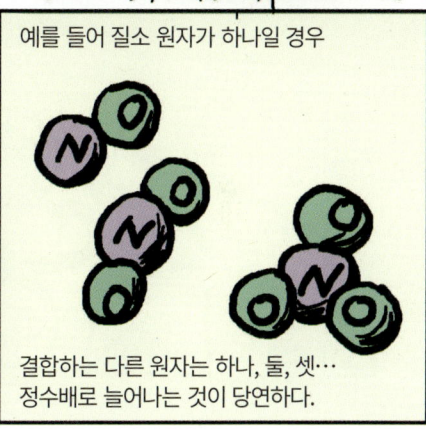

예를 들어 질소 원자가 하나일 경우

결합하는 다른 원자는 하나, 둘, 셋… 정수배로 늘어나는 것이 당연하다.

탄소와 산소가 결합하는 경우도 잘 설명된다.

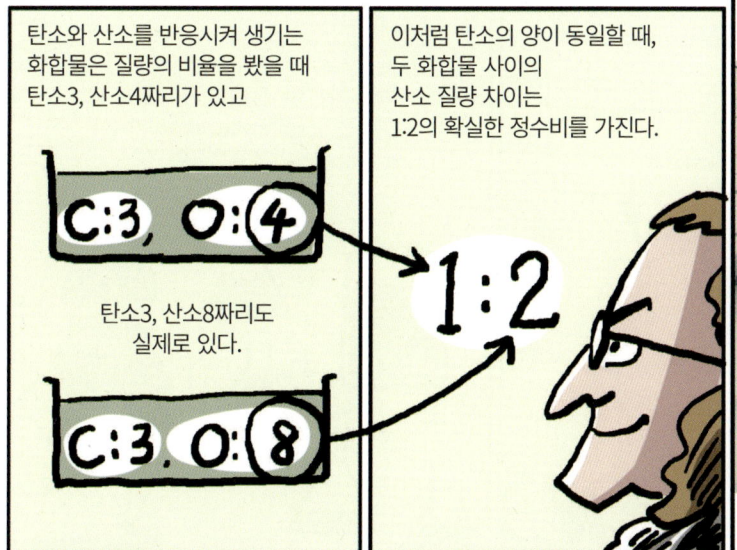

탄소와 산소를 반응시켜 생기는 화합물은 질량의 비율을 봤을 때 탄소3, 산소4짜리가 있고

C:3, O:4

탄소3, 산소8짜리도 실제로 있다.

C:3, O:8

이처럼 탄소의 양이 동일할 때, 두 화합물 사이의 산소 질량 차이는 1:2의 확실한 정수비를 가진다.

1:2

원자가 존재한다면 이러한 정수배 비율은 당연히 나타날 수밖에 없다.

이것이 돌턴의 *배수 비례의 법칙*이다.

***배수 비례의 법칙**(law of multiple proportions) : 2종류의 원소가 결합하여 여러 가지 화합물을 만들 때, 일정한 양의 한 가지 원소와 결합하는 다른 원소의 질량 비율이 정수비(整數比)로 형성되는 법칙.

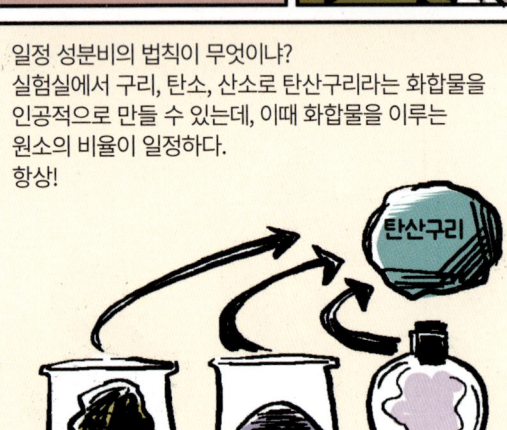

*조제프 프루스트(Joseph Louis Proust, 1754~1826) : 화합물을 구성하는 질량비는 일정하다는 것을 발견한 프랑스의 화학자.
**일정 성분비의 법칙(law of definite proportions) : 한 종류의 화합물을 이루는 원소들의 질량비는 항상 일정하다는 법칙.

수산화칼륨은 1,605이고, 수산화나트륨은 859.
딱 이 양이 황산과 만났을 때, 산과 염기가 모자라지도, 남지도 않게 완전히 중화된다.

*피셔는 황산과 반응하는 다양한 염기의 양을 기록해서 **당량 무게표를 작성했고, 많은 화학 실험실에서 이 표를 요긴하게 사용했다.

요긴한 건 그렇다 치고 이런 현상은 참으로 이상했다. 왜 화합물이 만들어질 때 원소들이 정해진 비율로만 참가하는가.

원자라니까요!

돌턴에게 일정 성분비의 법칙은 당연한 결과였다.

혼합물과 화합물을 구별해야 한다.
혼합물은 단순히 물질이 섞인 것이다.
여러 물질들이 얼마든지 다양한 비율로 섞일 수 있다.

하지만 화합물은 다른 차원의 섞임이다.

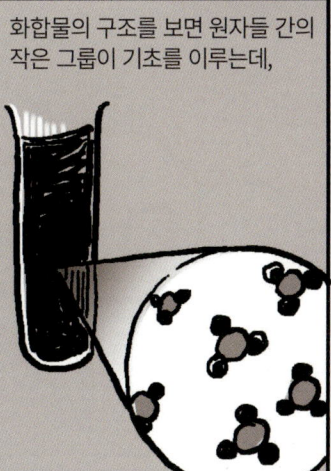

화합물의 구조를 보면 원자들 간의 작은 그룹이 기초를 이루는데,

이 그룹은 원자들 간의 결합이기 때문에 딱 필요한 개수의 원자만을 필요로 할 것이다.

원자인 것이다!
돌턴에게 화학반응은 원자의 정체를 드러내는 확실한 증거였다.

돌턴의 원자론은 데모크리토스의 원자론이 생각에서만 머물렀던 것과 달리

장하오, 돌턴 선생.

*에른스트 피셔(Ernst Gottfried Fischer, 1754~1831) : 당량 무게표를 작성한 독일의 화학자.
**당량(equivalent) : 서로 반응하는 비율을 표현하는 수치. 일정한 양의 물질을 기준으로 두고 이것과 반응하는 무게(당량)를 표현한다.

일정 성분비의 법칙, 배수 비례의 법칙 같은 화학의 엄연한 실제 현상에 닻을 내리고 있다.

일정 성분비의 법칙   배수 비례의 법칙

돌턴은 원자를 이용해 화학의 체계를 만들기로 한다. 몇 가지 기본적인 룰을 보면…

첫째, 원소는 원자라는 매우 작은 최종 입자로 구성된다.

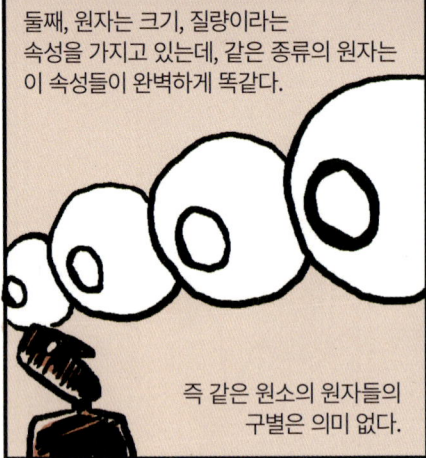

둘째, 원자는 크기, 질량이라는 속성을 가지고 있는데, 같은 종류의 원자는 이 속성들이 완벽하게 똑같다.

즉 같은 원소의 원자들의 구별은 의미 없다.

셋째, 원자는 새로 만들어지지도 파괴되지도 않는 불멸의 존재다.

넷째, 화합물을 만들 때 다른 종류의 원자들은 정수배로 결합할 수밖에 없다.

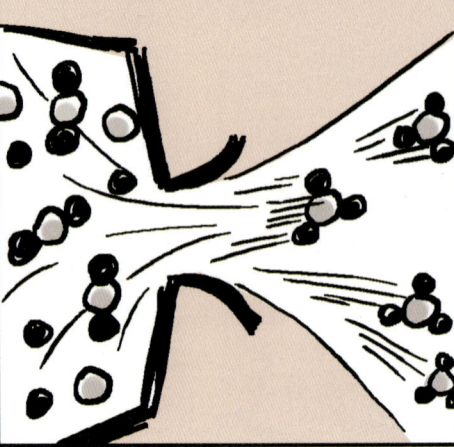

다섯째, 화학 변화는 원자들이 결합 또는 분리되면서 배열을 바꾸는 과정이다.

돌턴은 라부아지에의 화학 표기법에서 더 나아가 그림으로 원소를 표기하자고 제안했다.

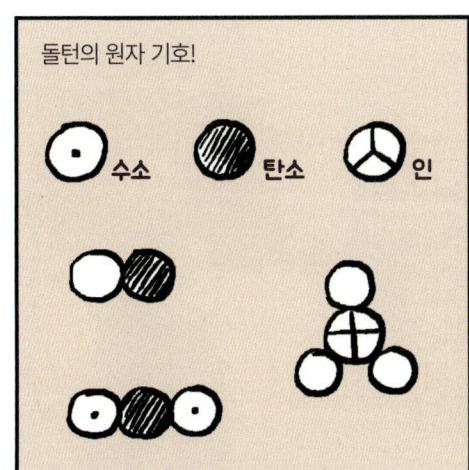

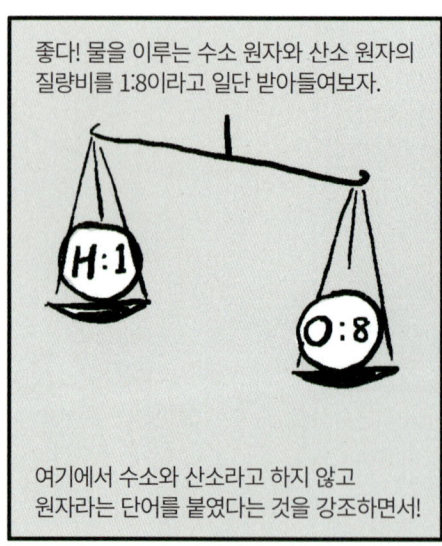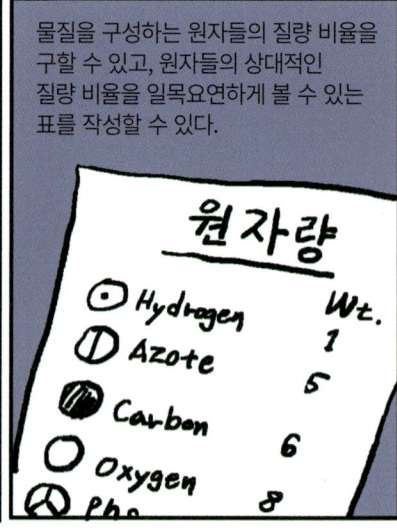

지금부터 돌턴과 베르셀리우스의 화학 체계를 완성하기 위한 논증 게임을 해보려고 한다.

참여자는 돌턴, 베르셀리우스…

그리고 또 이 사람은 누구?

돌턴의 화학 체계에는 약간의 문제가 있다… 사실 큰 문제일 수도 있다.

솔직히 고백하겠어요. 원자론 체계에는 꺼림칙한 부분이 좀 있수다.

돌턴과 베르셀리우스 화학 체계의 불안한 부분은 사실 이 체계의 근간이 되는 주춧돌이라 문제가 더 크다.

그게 뭐냐면… 두 원소가 화합물을 이룰 때, 두 원소의 원자가 각각 한 개씩 참여한다고 가정했는데,

이런 단순한 가정에는 어떤 이유가 있습니까? 돌턴 씨?

정확한 이유는… 없다고 봐야죠.

수소와 산소로부터 물이 만들어질 때, 수소 원자와 산소 원자 한 개씩 결합하여 물을 이룬다는 것은 사실이 아니라, 돌턴과 베르셀리우스의 가정이었다.

아마도?

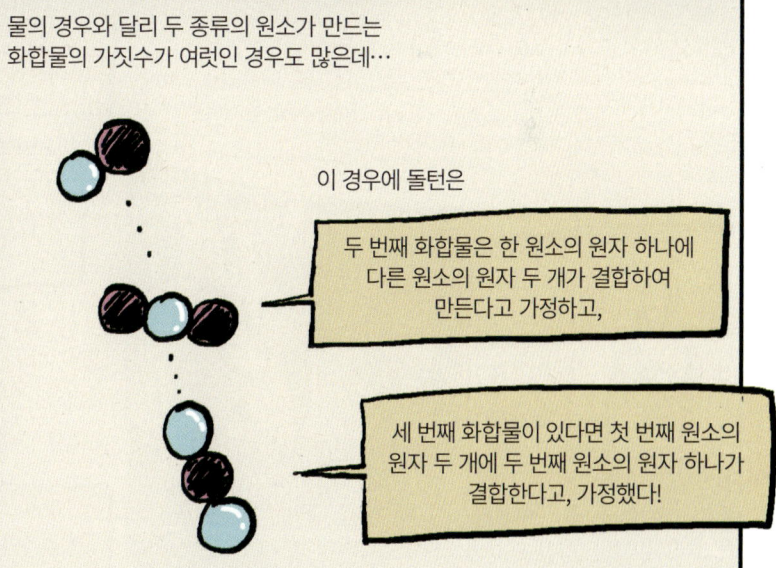

물의 경우와 달리 두 종류의 원소가 만드는 화합물의 가짓수가 여럿인 경우도 많은데…

이 경우에 돌턴은

두 번째 화합물은 한 원소의 원자 하나에 다른 원소의 원자 두 개가 결합하여 만든다고 가정하고,

세 번째 화합물이 있다면 첫 번째 원소의 원자 두 개에 두 번째 원소의 원자 하나가 결합한다고, 가정했다!

*아메데오 아보가드로(Amedeo Avogadro, 1776~1856) : 화학에서 분자의 개념을 처음 도입했고, '같은 부피에 같은 입자 수'라는 가설(아보가드로 가설)로 시대를 뛰어넘는 주장을 펼친 이탈리아의 과학자.

**조제프 게이뤼삭(Joseph Louis Gay-Lussac, 1778~1850) : 기체들이 반응해서 다른 기체를 만들 때 적용되는 '부피 결합의 법칙'을 발견해 큰 업적을 남긴 프랑스의 과학자. 기구를 타고 하늘에서 실험을 하는 등, 모험을 즐겼다.

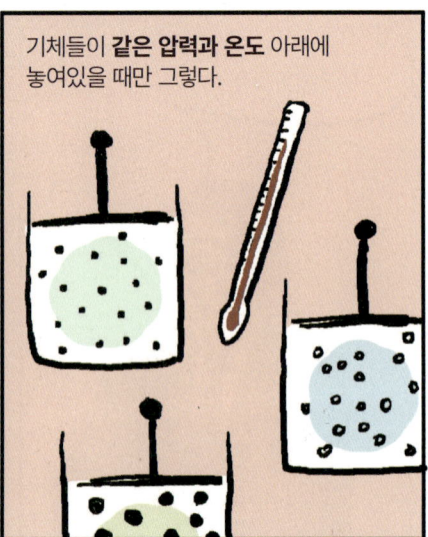

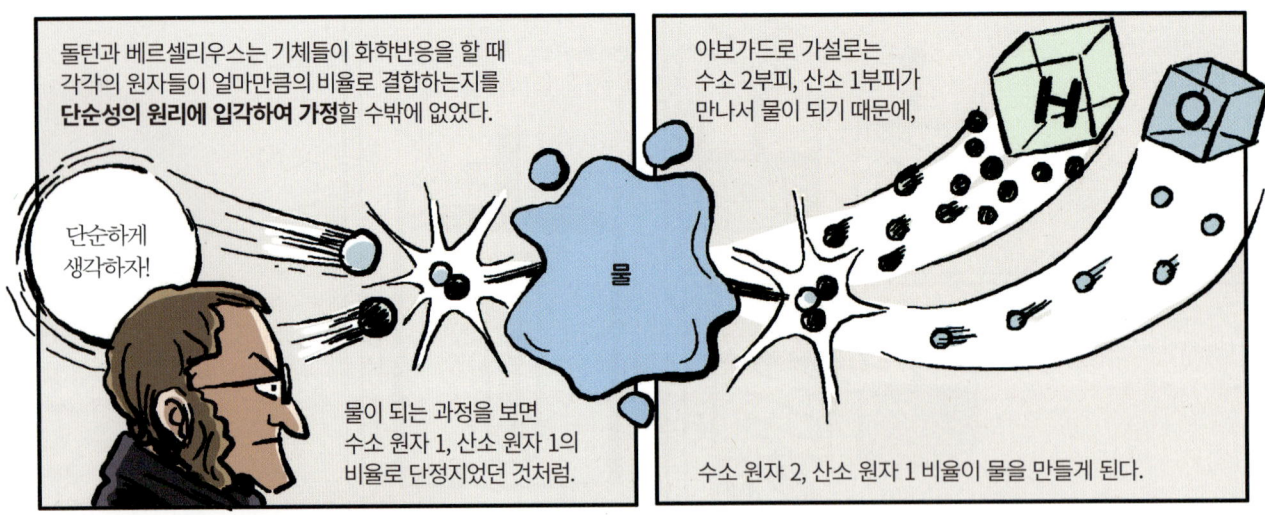

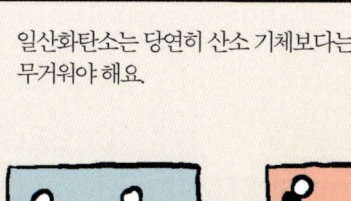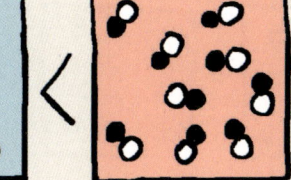

*분자(molecule) : 두 개 이상의 원자가 화학적으로 결합해 있는 독립적인 입자. 아보가드로가 분자 개념을 처음으로 제안했다.

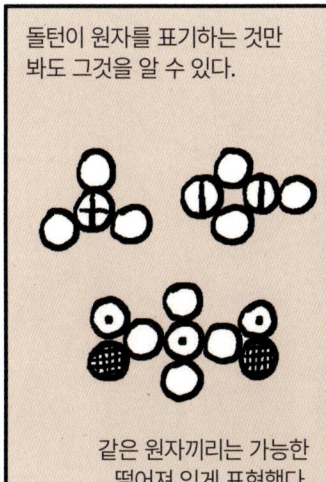

돌턴이 원자를 표기하는 것만 봐도 그것을 알 수 있다.

같은 원자끼리는 가능한 떨어져 있게 표현했다.

돌턴은 기체가 액체보다 넓은 공간을 차지하고 있는 것도, 같은 원자들 간의 반발 때문이라고 생각하고 있었다.

물론 확실한 근거나 논리가 있었던 것은 아니다.

나도 돌턴 씨와 같은 생각이오. 같은 원자끼린 반발합니다.

원자들 사이에는 전기력이 있는 것 같아요.

어떤 원자들은 양성이고, 다른 원자들은 음성이지요.

원자들끼리 서로 잡아당기면서 결합하려고 하는 것 같습니다. 마치 자석처럼요.

전기력이라니, 그건 무슨 말씀이십니까.

최근에 몇 가지 흥미로운 실험을 하고 있는데, 아직 연구가 시작 단계라.

아무튼 제 연구로는 같은 원자들끼리는 같은 극을 가지고 있기 때문에, 서로 밀쳐내야만 하죠. 자석이 같은 극끼리 밀어내는 것처럼 말이에요.

도대체 무슨 말씀들을 하고 있는 겁니까?

사회자 양반, 주제에 벗어난 이야기는 좀 끊어주시는 게 좋겠소!

같은 부피 같은 입자 수 개념은 정말이지 믿기 힘드오.

지나치게 밑도 끝도 없다고요.

베르셀리우스는 원자량을 정확히 알려는 노력을 멈추지 않았다.

나날이 늘어가는 화학 실험을 올바른 화학식으로 표현하기 위해서는 무엇보다 정확한 *원자량을 알아야만 했기 때문이다.

처음에는 돌턴의 단순성의 원리에 입각하여 화학식 작성에 무진 애를 썼지만… 화학식은 점점 꼬여만 갔다.

그러던 와중에 무시했었던 아보가드로 가설, 같은 부피 같은 입자 수 가설에 눈길을 주게 되고,

어느 시점부터는 아예 대놓고 적용하기 시작했다.

아보가드로 방식으로 해보면 수소와 산소의 조합은 HO가 아닌 H_2O가 돼야 한다.

*원자량(atomic weight) : 원자의 상대적인 질량. 질량수 12의 탄소 원자 ^{12}C를 기준으로 하고 이것과의 비율에 따라 각 원자의 질량을 나타낸다.

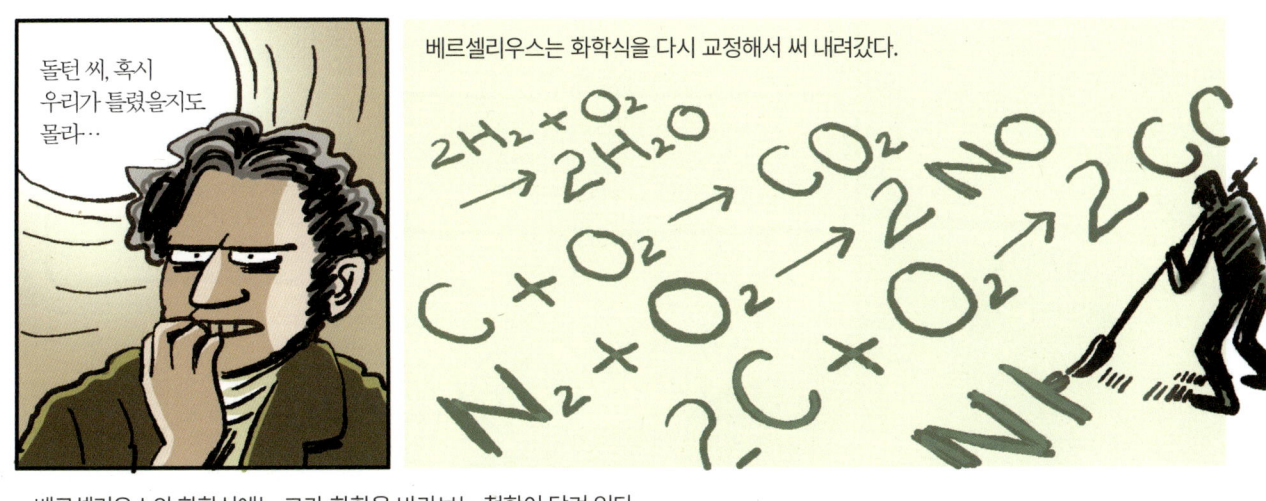

베르셀리우스의 화학식에는 그가 화학을 바라보는 철학이 담겨 있다.

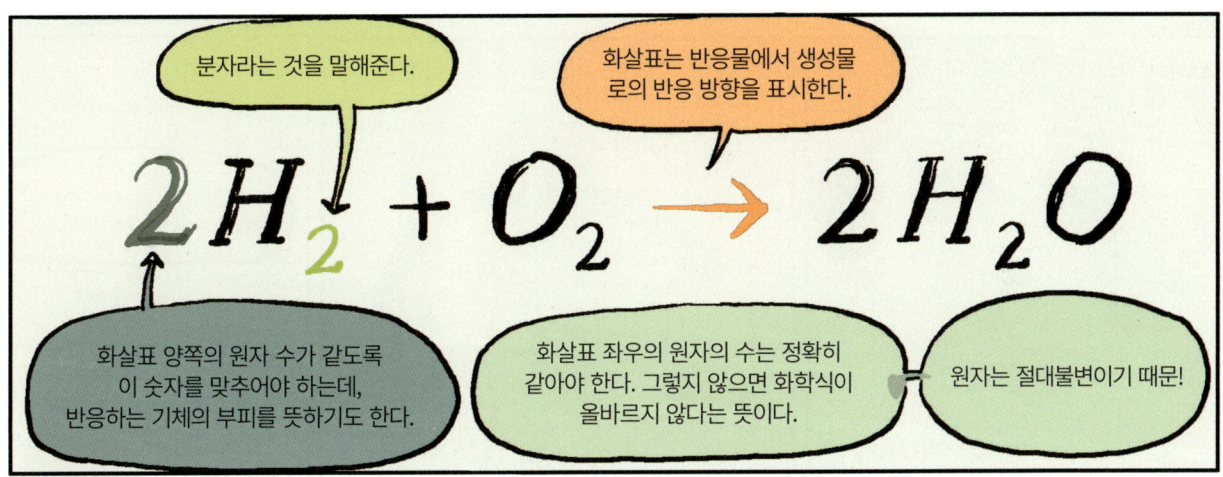

이러한 화학식 표기는 실용적이고 정확하기까지 해서 점차 많은 화학자들이 따라서 쓰게 된다.

이제 화학에서는 꽤 많은 과학자들이 돌턴의 화학 원자설, 그리고 아보가드로 가설이 확실히 유용하다는 사실을 인정하게 되었고,

과학자들은 새로운 화학 체계가 완벽해지려면 무엇이 필요한지를 잘 알게 된다.

베르셀리우스의 노력에도 불구하고, 물이 합성되는 경우처럼 간단한 것을 넘어 훨씬 복잡한 화학식을 만들다 보면, 수치가 잘 들어맞지 않았는데

탄소 화합물을 연구하는 과정에서 *원자가라는 중요한 개념을 뚜렷하게 인식하는 성과를 거두게 된다.

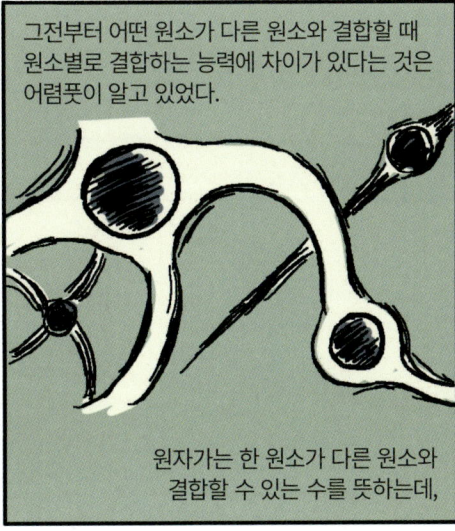
그전부터 어떤 원소가 다른 원소와 결합할 때 원소별로 결합하는 능력에 차이가 있다는 것은 어렴풋이 알고 있었다.

원자가는 한 원소가 다른 원소와 결합할 수 있는 수를 뜻하는데,

쿠퍼는 원자들이 결합하는 방식에서 **결합(bond)이라는 개념을 생각해냈다.

수소의 원자가는 1이다. 이 말은 수소가 다른 원자와 하나의 결합(bond)을 형성할 수 있다는 뜻이다.

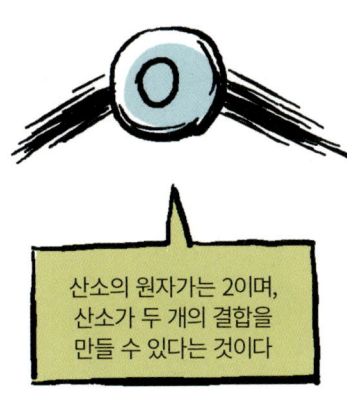
산소의 원자가는 2이며, 산소가 두 개의 결합을 만들 수 있다는 것이다

그래서 수소와 산소가 만드는 물(H_2O)은 이런 모양으로 결합한다.

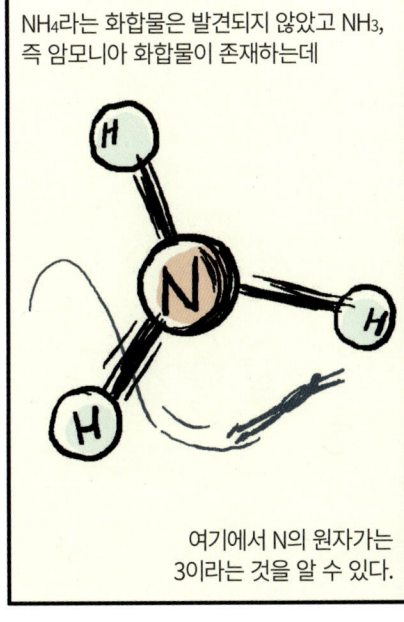
NH_4라는 화합물은 발견되지 않았고 NH_3, 즉 암모니아 화합물이 존재하는데

여기에서 N의 원자가는 3이라는 것을 알 수 있다.

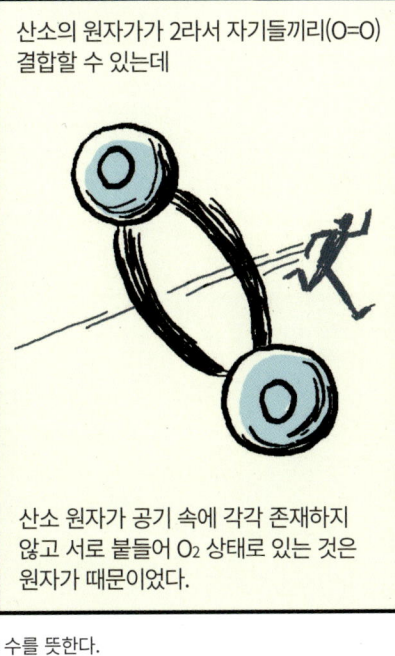
산소의 원자가가 2라서 자기들끼리(O=O) 결합할 수 있는데

산소 원자가 공기 속에 각각 존재하지 않고 서로 붙어 O_2 상태로 있는 것은 원자가 때문이었다.

탄소는 결합 능력이 탁월하며, 원자가는 4인 것으로 밝혀졌다.

많게는 네 개의 다른 원자와 동시에 결합할 수 있다는 뜻이다.

---

*원자가(valence) : 어떤 원자가 다른 원자와 결합하는 수를 뜻한다.
**아치볼드 쿠퍼(Archibald Scott Couper, 1831~1892) : 영국의 화학자로 탄소는 최대 4의 원자가를 가지며, 탄소들끼리 결합하여 유기화합물의 특징이 나타난다는 주장을 펼치는 등 위대한 연구를 했지만 당시에는 인정받지 못한 비운의 과학자다.

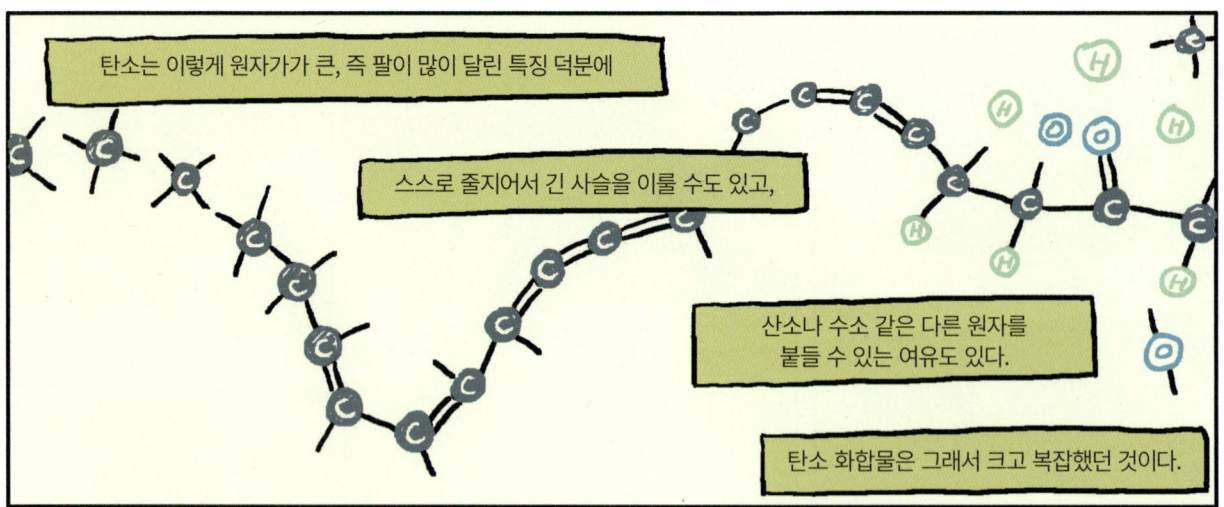

* **알레산드로 볼타**(Alessandro Volta, 1745~1827) : 이탈리아의 화학자로 실용 전기 시대를 열게 된 볼타전지의 발명가. 그 업적을 기리는 뜻에서 그의 이름에서 따온 '볼트(V)'를 전압의 단위로 쓴다.

*라이덴병(Leyden jar): 마찰전기 발생 장치가 많은 사람들에 의해 개량되었고 그중 라이덴병이 실험에서 일반적으로 사용되었다. 전기가 충분하지 않고, 물체를 대전시키면 전기가 곧 사라져버리는 단점이 있었다.

볼타전지의 전선을 물에 담그고 강한 전류를 지속적으로 흘려 보냈더니 물이 분해되는 듯 보였다.

수소와 산소가 양쪽 극에서 만들어졌기 때문이다.

일찍이 캐번디시가 라이덴병을 이용해 용기 속 수소와 산소를 폭발시켜 물을 합성시킨 바 있지만, 반대로 물을 분해한 건 처음이었다.

*험프리 데이비라는 사람은 옳다구나 하고 볼타전지에 관심을 기울였다.

가성칼리(수산화칼륨) 용액에 강력한 볼타전지를 이용해서 전류를 흐르게 해보았는데,

여보시오, 그거 조심해야…

전선 한쪽 끝에서 은백색의 금속 덩어리가 생겨났다.

그는 새로운 물질에 칼륨이라는 이름을 붙였다.

당시에 많은 과학자들은 용액을 통과하는 전기의 흐름이 새로운 물질을 합성시켰다고 주장했지만

그거 화합물 아니오?

데이비는 화합물이 전기로 인해 분해된 것이라고 했다.

이 멍충이들!

얼마 후에 데이비는 가성소다(수산화나트륨)에도 같은 시도를 했고, 오늘날 나트륨으로 불리는 물질을 발견했다.

위대한 전기의 힘이여!

더 강력한 전기가 필요하다!

*험프리 데이비(Humphry Davy, 1778~1829) : 영국의 과학자이자 뛰어난 강연가. 전기분해법을 사용해 칼륨, 나트륨, 칼슘, 스트론튬, 바륨, 마그네슘 등 많은 원소를 발견했으며, 탄광에서 쓰이는 안전등도 그의 발명품이다.

*베르셀리우스의 전기화학적 2원론(electrochemical dualistic theory): 베르셀리우스는 화합물이 양과 음의 전기를 가진 두 성분의 결합이라고 주장했다.

*윌리엄 프라우트(William Prout, 1785~1850) : 영국의 의사이자 화학자, 생물학자, 물리학자로 다방면에서 연구한 프라우트는 각 원소는 더 작은 구성 단위인 수소로 이루어진다는 가설을 제창했다.

근원적인 것은 바로, 수소이며

수소 하나, 수소 둘, 수소 셋…

이런 식으로 더해지면서 무거운 원소의 원자를 구성하는 게 아닐까?

어때요?

원자는 여러 가지가 아니라 수소 하나뿐이라는 이야기다.

어떠냐고요, 이 생각!

글쎄…

프라우트의 생각은 아이디어 차원에서 그치게 된다.

H 1.000,7…
Li 6.938,6…
Be 9.012
B   10.80..

원자량이 딱 떨어지는 정수배로 늘어나지 않기 때문이다.

오히려 원자량이 날이 갈수록 정밀하게 수정되어 가면서 프라우트가 원하는 깔끔한 수치와는 멀어져만 갔다.

기다려봐요

내 말을 좀…

여러분들~

프라우트의 수소 가설은 그렇게 망각의 강물에 잠겼다.

ATOM
EXPRESS

CHAPTER
05

무엇을 근거로 있다고 할 것인가
주기율표 그 위대한 탄생

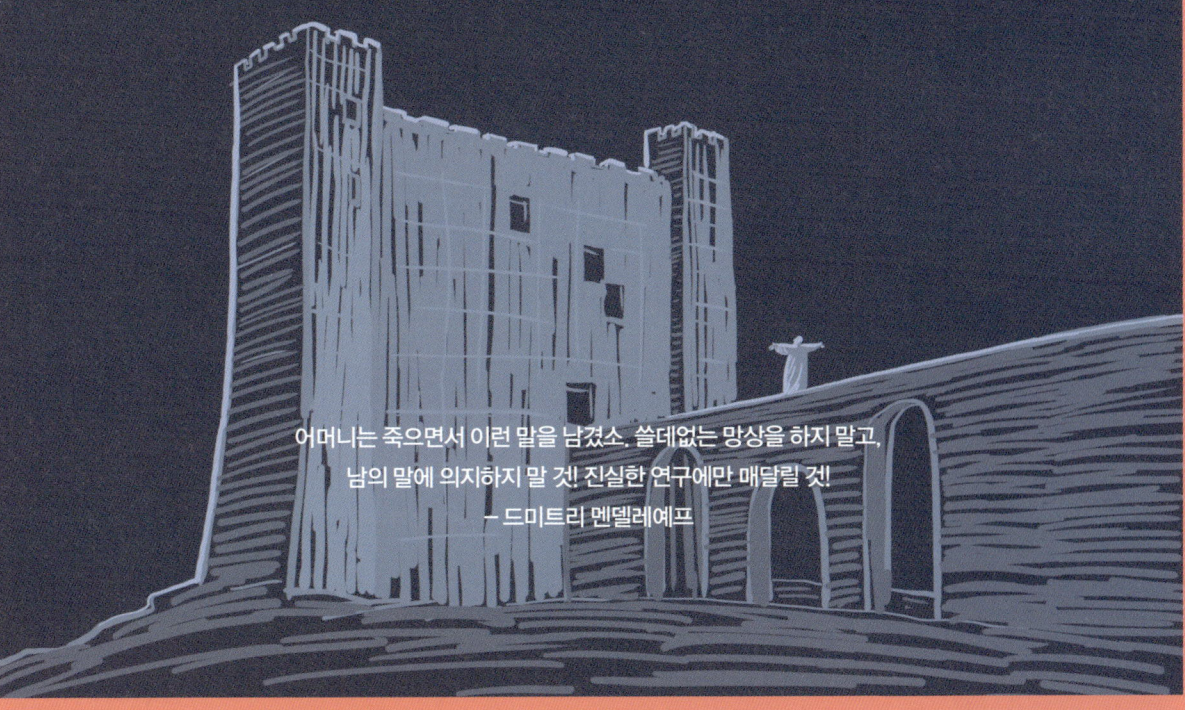

어머니는 죽으면서 이런 말을 남겼소. 쓸데없는 망상을 하지 말고,
남의 말에 의지하지 말 것! 진실한 연구에만 매달릴 것!
- 드미트리 멘델레예프

화학자들의 위대한 성취는 원자량 개념을 만들었다는 것이다. 모든 원소들은 저마다 고유한 원자로 이루어져 있고, 이 원자들을 구별 짓는 것은 무게 차이이며, 이것이 원자량이다. 놀라운 점은 원자량 순서대로 물질을 늘어놓았을 때, 어떤 규칙성이 보인다는 것이다. 이쯤에서 원자는 존재한다고 선포해도 되지 않을까? 여행은 이것으로 끝나게 될 것인가? 과학자들은 원자의 실체성에 대해서 어떤 결론을 내리게 될까?

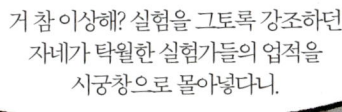

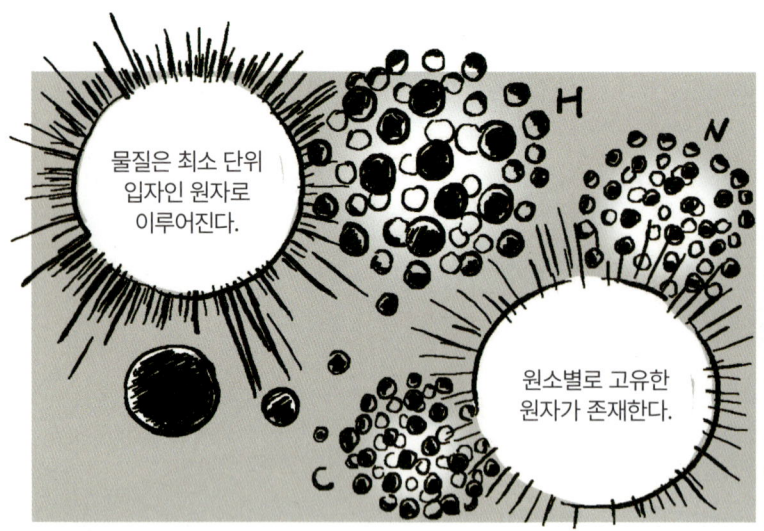

어떤 화학자가 이 원자량을 작은 순서부터 큰 순서로 나열해본다고 했을 때 이것을 보고 특이한 시도라고 말할 사람은 없을 것이다.

프라우트 이후로도 여러 과학자가 원자량을 순서대로 늘어놓는 시도를 했고, 순서대로 늘어놓았을 때 몇몇 과학자는 모종의 패턴을 포착했다고 주장했다.

***알렉상드르 드 샹쿠르투아**(Alexandre-Èmile-Beguyer de Chancourtois, 1820~1886) : 프랑스의 지질학자. 화학 분야에서 '땅의 나선 이론'이라는 주기율표의 근간이 되는 이론을 펼쳤다.

*존 뉴랜즈(John Newlands, 1837~1898) : 원소들을 원자량 순서대로 배열했을 때 원소의 성질이 반복된다는 일명 '옥타브 법칙'이라는 논문을 발표한 영국의 화학자.

원자량 순서대로 원소를 배열한다. 그런데…

대체로 일정한 주기로 금속의 성질,
즉 반짝이고 열과 전기가 잘 통하고,
힘을 받으면 부서지기보다는 찌부러지는 성질이 반복된다.

또한 일정한 주기로 비금속 원소,
즉 열과 전기가 잘 안 통하고,
실온에서 기체로 존재하는 원소가
등장한다.

반복된다… 일정하게.

고오오오오오오.

멘델레예프는 원소 이름을 쓴 카드를 솔리테어 게임을 하듯이 다양한 방식으로
거듭해서 배열시키며 일찍이 뉴랜즈가 찾은 것과 비슷한 패턴을 발견하게 된다.

하지만 멘델레예프를 유일무이한 위대한 화학자로 만든 업적은 지금부터 펼쳐진다.

시베리아 출신인 멘델레예프는 14남매 중에 막내였고, 열세 살이 되던 해에 아버지를 잃었다.

어머니는 대가족을 부양하기 위해 전 재산을 털어 유리공장을 인수해 운영하지만, 불행이라는 괘씸한 놈은 연이어 찾아오더니

1년도 되지 않아 화재로 공장을 잃게 된다.

멘델레예프의 어머니는 가족이 나락으로 떨어지는 상황에서 일생일대의 모험을 시도한다.

넌 기둥이야. 동생들을 목숨 걸고 지켜야 한다.

막내야, 우리 가족은 너에게 운명을 맡길 거다. 지금부터 정신 똑바로 차려야 해.

철없던 시절은 끝났어, 드미트리.

어머니의 소원대로 대학에 입학한 멘델레예프는 미친 듯이 공부해 대학의 모든 과정을 수석으로 졸업했으며 오로지 노력으로 최고의 과학자의 자리에 오르게 된다.

장난꾸러기 막내는 시베리아 평원을 가로지르던 그때 이미 불굴의 의지를 지닌 어른으로 자라버렸다.

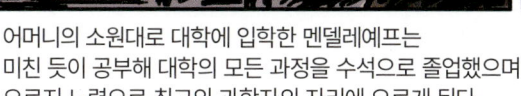

가로 방향으로 원자량 순서대로 원소를 배열한다.

타다다다..

난 네놈들의 냄새를 구별하지. 감촉, 색깔도.

어떻게 서로 반응하는지도.

낱낱이 알고 있다구.

멘델레예프는 비슷하다고 판단한 원소들을 세로줄에 맞도록 배열한다.
*세로줄은 족(group)이라 부르고, 가로줄은 주기(period)라고 부른다.

주기

족

처음에는 32개의 원소로 시작했고, 점차 60여 개의 원소로 확장!

*주기율표의 주기(period) : 주기율표의 가로줄을 '주기'라고 하며 같은 주기에서 인접한 원소들끼리는 질량이 비슷하다. 족(group) : 주기율표에서 세로로 같은 줄에 있는 원소들을 묶어 '족'이라고 한다. 같은 족에 포함된 원소들은 화학적 성질이 비슷하다.

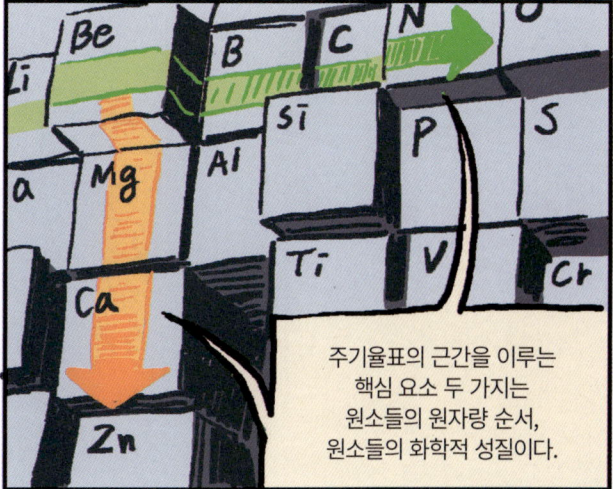

그런데 두 요소 사이에 충돌이 감지된다.

어떤 상황에서 멘델레예프의 화학적 직감이 원자량 순서를 거부하는 경우가 있었던 것이다.

예를 들어 니켈과 코발트의 상황인데, 원자량 순서로는 분명히 니켈 다음이 코발트이지만, 화학적 성질로 따지면 서로 순서가 바뀌어야만 합당해 보였던 것이다.

무엇이 틀린 것인가.

원자량 순서인가? 원소의 화학적 성질이?

빌어먹을…

드미트리…

환상에 빠지지 마라. 네가 믿어야 할 것은 오로지 보고, 듣고, 실행하는 거야.

알겠니? 드미트리.

그래, 원자량을 버린다!

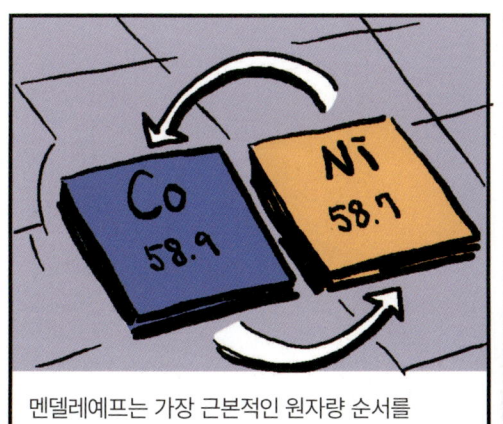
멘델레예프는 가장 근본적인 원자량 순서를 무시하고 과감히 코발트 다음에 니켈을 둔다.

이뿐이 아니다.

주기율표의 특정 지점들은 엉망으로 꼬이고 틀어져 있었다.

멘델레예프는 평생 동안 수없이 의심하고 재확인하며 주기율표를 다듬고 고쳐나간다.

놀랍게도 그 빈 자리를 채울 원소들이 발견된다. 원자량과 성질도 멘델레예프가 예측한 그대로!

그가 에카-알루미늄이라고 명명한 원소는 나중에 갈륨으로 발견되고

에카-붕소, 에카-규소라고 명명한 원자량, 화학적 성질을 가진 원소는 후에 스칸듐과 게르마늄으로 발견된다.

이렇게 되자 멘델레예프의 주기율표에 경외의 눈길이 쏟아지기 시작했다.

주기율표는 원소를 체계화한 도표이며, 새로 발견될 원소들을 추적하는 데 유용한 지도다. 그러나 이 정도로는 주기율표의 가치를 설명하기에 턱없이 부족하다.

주기율표는 그 이상을 말하고 있는 듯했다. 아직 그게 뭔지 모르지만…

숨이 막히도록 심오한 메시지들을 전하고 있다. 분명히…

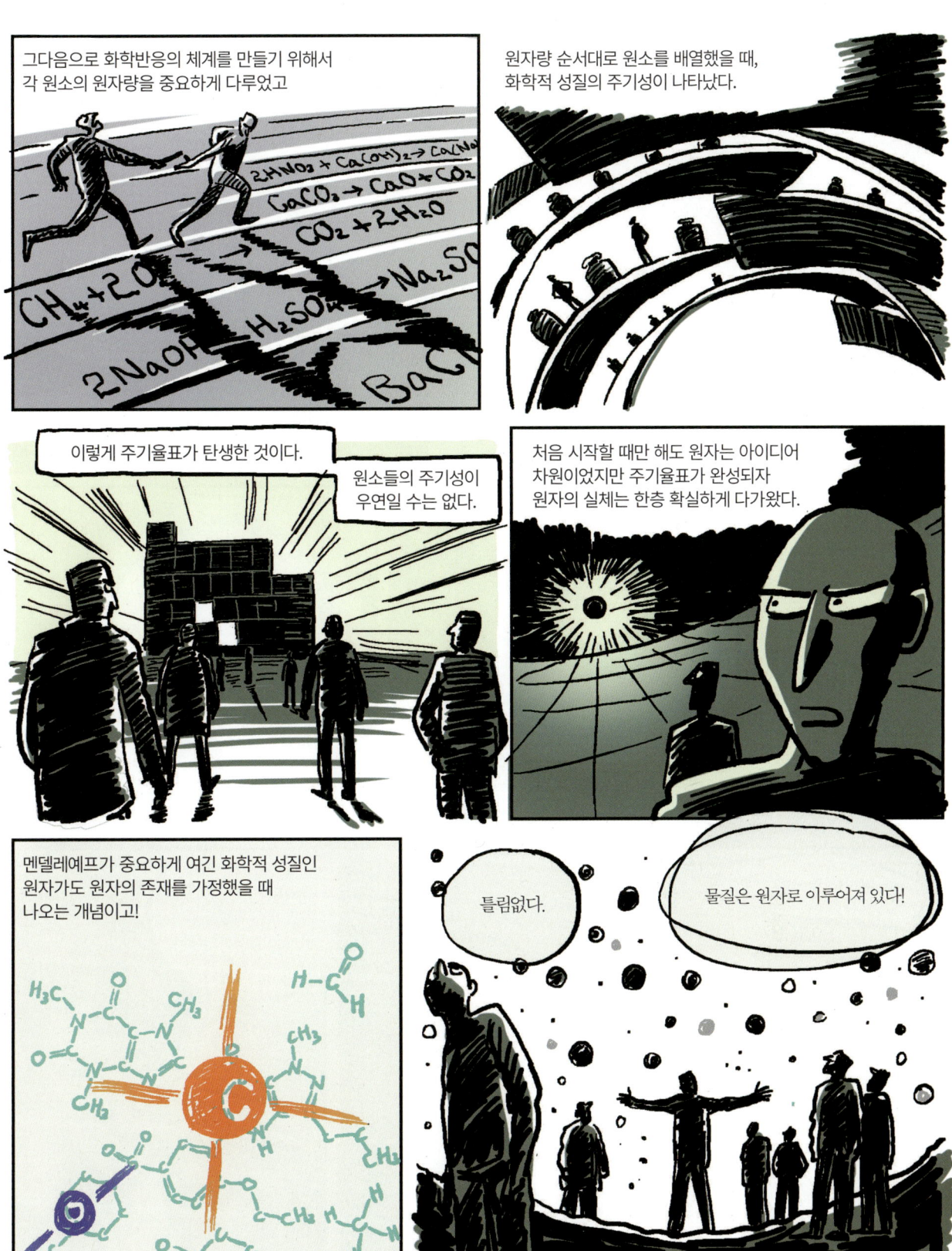

뭐… 뭐라고?

원자는 실체가 아니오.

원자는 우리들이 만든 체계 속에서 존재하는…
어쩌면 존재하길 바라는…
관념의 산물일 뿐입니다.

베르셀리우스 씨의 말도 맞소. 주기율표는 아직 어설프기 짝이 없소.
패턴? 그 패턴은 흐릿해요.

자연은 항상 완벽하게 자신을 드러내는 법이 없죠.
멘델레예프 선생님의 원자는 관념이라는 말에 깊이 공감합니다.

플라톤 선생님, 단도직입적으로 묻지요.

ATOM
EXPRESS

CHAPTER
06

전기를 따라가다
패러데이가 다다른 곳에 무엇이 있었나

오래도록 생각해도 도저히 풀리지 않는 문제가 있을 때면, 바닷가에서 며칠을 보내면서 다른 생각을 했다.
어느 날 아침 절벽 위를 걷고 있는데, 갑자기 고민하던 문제의 실마리가 순간적으로 그리고 강한 확신과 함께 떠올랐다.
– 쥘 앙리 푸앵카레

원자를 향해 달려왔지만 잠시 멈춰 생각해본다. 그동안 우리가 원자라는 작은 알갱이에 지나치게 정신이 팔려 있었는지도 모른다. 우주의 근원이 굳이 작은 원자일 필요는 없을 것이다. 전혀 다른 무엇일 수도 있는데, 그 무엇은 어떤 것일까? 지금부터 시선을 다른 곳으로 돌리려 한다. 과학자들은 화학에서 전기라는 현상이 중요한 자리를 차지하고 있다는 단서를 잡았다. 전기의 정체를 파헤치는 과학자들을 만나보자.

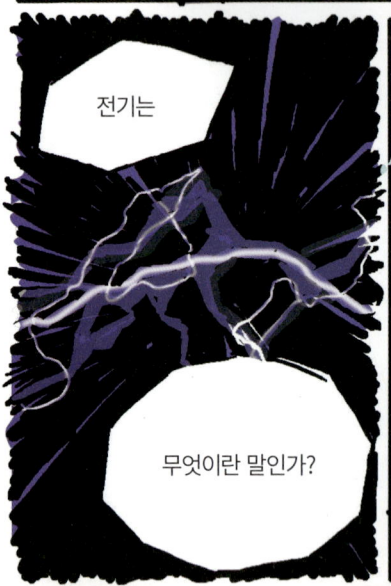

그런데… 라이덴병이나 볼타전지에서 발생하는 신비한 힘, 전기. 전기는 본질적으로 무엇인가?

*벤저민 프랭클린(Benjamin Franklin, 1706~1790) : 미국의 다재다능한 과학자, 저술가, 경영인, 외교관이자 정치가.

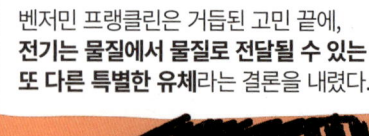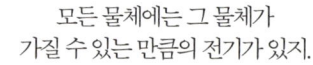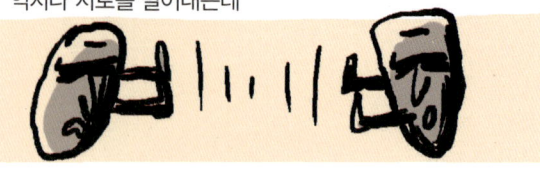

* **전하량 보존의 법칙**(conservation law of electrical charge) : 어떤 물체가 띠는 전기의 양은 새로 생성되거나 없어지지 않고 항상 처음의 양을 유지한다는 법칙.

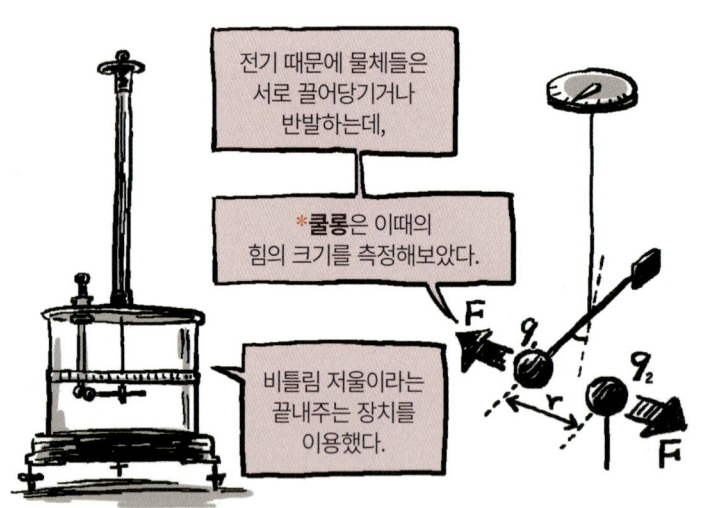
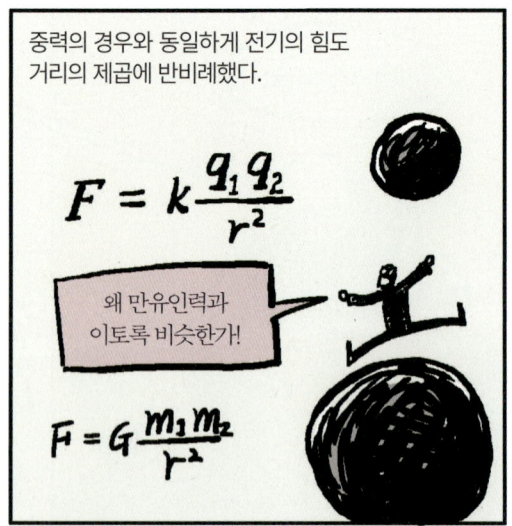
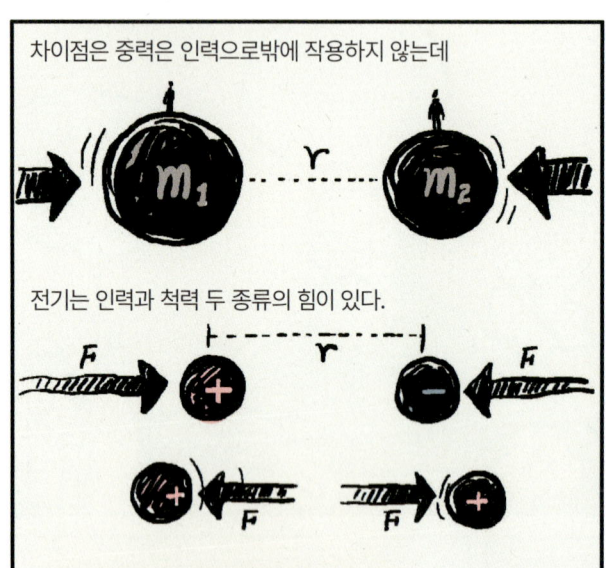

*샤를 쿨롱(Charles Augustin de Coulomb, 1736~1806) : 전기와 자기의 관계에서 '쿨롱의 법칙'을 발견한 프랑스의 물리학자. 그의 이름을 따서 전기량의 단위를 '쿨롱(C)'이라고 한다.
**1가지 전기유체설 : 벤저민 프랭클린은 전기의 종류는 한 가지이며 이것이 어떤 물체에서 다른 물체로 이동한다는 생각을 했다.

***2가지 전기유체설** : 프랑스의 뒤페(Charles François de Cisternay Du Fay, 1689~1739)는 벤저민 프랭클린과 달리 전기는 양(+), 음(-)의 두 가지 종류가 있다고 주장했고, 쿨롱도 이 설에 동조했다. 후대에 2가지 전기유체설이 받아들여진다.

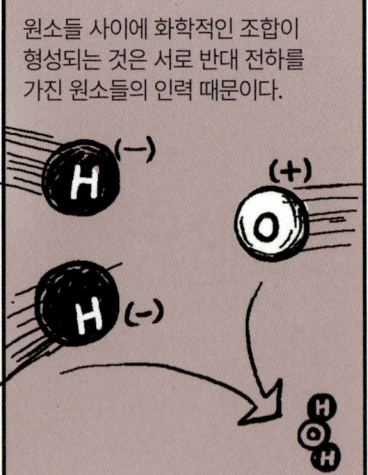

*전기음성도(electronegativity) : 분자 안에 있는 특정한 원자가 '전자'를 끌어당기는 정도를 말하는데, 이러한 구체적인 해석은 나중에 알게 된다.

*마이클 패러데이(Michael Faraday, 1791~1867) : 전자기학, 전기화학에서 큰 업적을 남긴 영국의 과학자.

젊은 날의 패러데이에게 데이비의 강연은 천상의 아리아와 같았다.

이내 젊은이는 자연에 숨어 있는 규칙들을 찾아내는 것을 인생의 과업으로 삼겠다는 결심을 한다.

패러데이의 열망은 결국 그의 우상 데이비의 조수가 되는 것으로 이어지고, 데이비의 그늘에서 점점 출중한 과학자로 성장하더니

패러데이 자네 정말 대단하네!

급기야 그 역할이 데이비의 도우미를 넘어서게 된다.

데이비의 마음 속에 있는 두 가지 감정…

데이비는 패러데이와의 인연을 운명으로 기쁘게 받아들이면서도 시간이 지날수록 초조해졌다.

그는 스승으로서 패러데이를 힘껏 응원하며 후원했다.
그러나 한편으로는 이제껏 자부해온 자신의 역량이 과학적 영감으로 번뜩이는 패러데이에 비하면 보잘것없다는 사실에 괴로워했다.

패러데이가 왕립학회 회원이 될 기회를 잡았을 때

데이비는 반대표를 던지며 제자를 향한 이 기묘한 태도를 표출했다.

하지만 이미 속도가 붙은 마차를 멈출 길은 없었고, 패러데이는 과학계의 별이 된다.

젊은 날 데이비가 그랬던 것처럼…

패러데이는 광범위한 연구를 시도했지만 그중 가장 주목했던 것은 역시 전기였다.

*전자기유도(electromagnetic induction) : 패러데이가 전자기유도 현상을 발견하기 전까지 전기를 만드는 방법은 물체를 마찰시키거나, 볼타전지를 이용하는 것밖에 없었다. 패러데이는 변하는 자기장이 전류를 유도하는 현상을 연구했으며 물리학에 일대 혁명을 일으킨다.

***황산**(sulfuric acid): H₂SO₄의 화학식을 가지는 강산성의 화합물.

전기가 무엇인지는 알 수도, 알 필요도 없다.

분명한 것은 물질을 분해할 수 있는 힘은 전기의 양에 정확히 비례한다는 것이다.

패러데이의 전기분해 규칙
'전극에서 석출되는 화학 물질의 양은 전류의 크기와 시간을 곱한 값에 비례한다!'

$m \propto It$

m = 생성되는 물질의 양
I = 전류
t = 시간

패러데이는 이 같은 규칙이 완벽하게 보편적인 것인지 가능한 많은 용액들을 전기분해해서 확인하려고 한다.

뚜둑

결과는 바라던 대로였다. 용액의 종류, 전극에서 석출되는 물질의 종류는 다를지라도 석출되는 물질의 양은 항상 전류의 양과 비례했다.

자연의 규칙을 하나 발견했을 때, 예기치 않은 추가적인 발견을 기적처럼 마주하는 경우가 종종 있다.

어?!

석출된 다양한 화학 물질의 질량 수치를 관찰하던 패러데이는 놀라운 발견을 한다. 또 다른 규칙이었다!

허~

자~ 패러데이가 전기분해를 통해 낚아챈 두 가지 규칙이다.

철두철미한 실험으로부터 나온 측정된 양 사이의 관계다. 사실이란 말이다. 어떤 추측도 없는…

패러데이는 이 법칙들 너머에 있는 뭔가를 느낀다. 그러나 확신할 수 없으며 그 뭔가가 달갑지 않다.

***패러데이 전기분해 법칙 1**: 패러데이는 전기분해로 생성되는 물질의 질량과 흐르는 전하량 사이의 관계를 실험으로 밝혔는데, 이것을 패러데이의 전기분해 법칙이라고 한다. 1법칙은 전기분해로 생성된 물질의 질량은 흘려준 전하량에 비례한다는 것이다. **전기분해 법칙 2**: 2법칙은 일정량의 전하를 흘려 보냈을 때 석출되는 물질의 질량은 물질의 종류와 관계없이 각 물질의 화학 당량에 비례한다는 것이다. 두 법칙은 원자의 존재와 전기 입자(전자)의 존재를 암시하고 있다.

용액 안에서 전류가 어떻게 흐르는 걸까?

공기 중에서 대전된 물체 사이에서는 그 힘이 거리의 제곱에 반비례하여 약해진다고 하지만, 용액 안의 전극은 그런 식으로 힘을 발휘하지 않는 것 같다.

전극은 그저 용액 안을 흐르는 전류가 지나가는 입구와 출구임에 분명하다.

전극으로부터 힘이 발생하고 그 힘은 용액이 물질들을 붙들고 있는 힘을 압도해 서로 떨어지게 한다.

그리고 떨어져 나간 조각들이 전기를 나른다.

음극으로 이동하는 조각을 **양이온**, 양극으로 이동하는 조각을 **음이온**이라고 하자.

그래… 물질이 원자로 이루어진다고 상상하자.

ATOM

그러면 원자들은 동일한 양의 전기를 운반한다.

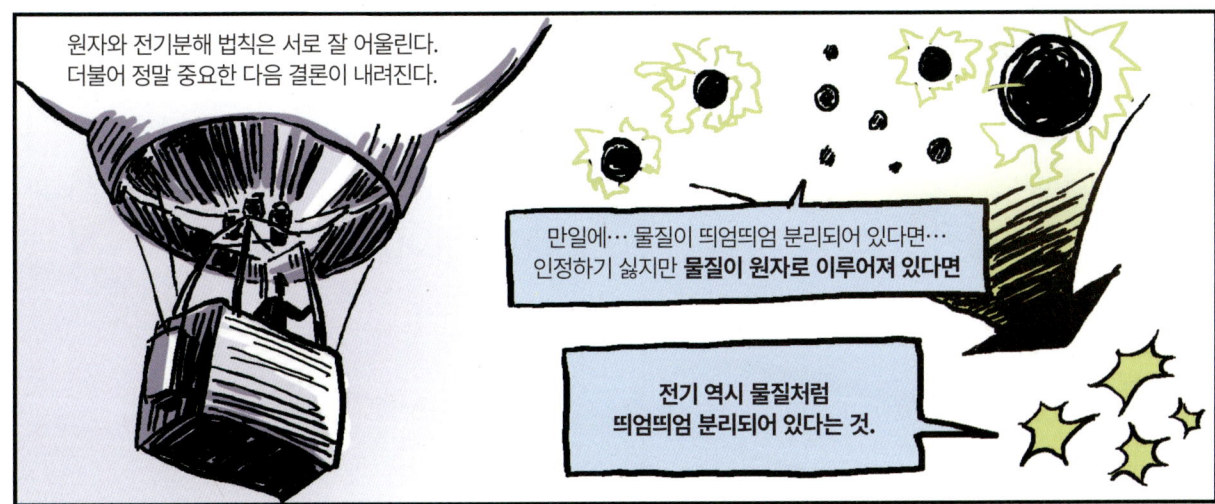

전기도 물질에서의 원자 같은 구조를 지닌다?

전기를 지칭하면서 유체라는 말을 썼던 것을 기억하는가.

패러데이는 전기를 거론하면서 전기의 원자 가능성을 보았다.
그런데 여기에서 우리는 유체와 원자의 차이점을 명확히 할 필요가 있다.

여행의 출발점에서 짚었던 중요한 문제가 무엇인가?

물질이 왜 더는 쪼갤 수 없는 작은 단위로 되어있느냐는 것이었다.

왜 더 쪼개지 못한다는 법이 있는가…
원자를 거부하는 사람들이 제시한 단순하고 상식적인 모순이었다.

즉 물질이 양자화되어 있을 수 있냐는 괴상한 의문이었다.

그런데 패러데이의 전기분해 규칙에서는…
'물질이 원자로 이루어진다고 가정한다면'
필연적으로 '전기도 원자로 이루어진다'는 결론으로 이어진다.

전기는 연속적인 유체가 아니라… 양자화되어 있다는 것이다.

*양자화(quantization): 어떤 물리량이 연속적인 값이 아니고, 띄엄띄엄하게 불연속적인 값을 갖는다는 의미다. 물리량이 특정 단위량의 정수배로 나타날 때 양자화되어 있다고 하고, 단위가 되는 양을 양자(quantum)라고 한다.

*역선(Line of force) : 전자기력과 같은 힘이 작용할 때 힘이 향하는 가상의 선.

***제임스 맥스웰**(James Clerk Maxwell, 1831~1879) : 전자기학과 기체 분자 운동 분야에서 불후의 업적을 남긴 영국의 이론물리학자. 아인슈타인은 맥스웰의 업적을 뉴턴 이후 물리학의 가장 심대하고 풍성한 업적이라고 격찬했다.

*요제프 폰 프라운호퍼(Joseph von Fraunhofer, 1787~1826) : 광학 연구와 스펙트럼 분석학의 기초를 닦은 독일의 물리학자.
**구스타프 키르히호프(Gustav Robert Kirchhoff, 1824~1887) : 열 복사선 이론에 크게 기여했으며 분젠과 함께 분광학의 기초를 다진 독일의 물리학자.
***분광기(spectrometer) : 물질이 방출하거나 흡수하는 빛의 스펙트럼을 계측하는 기구.

*로베르트 분젠(Robert Wilhelm Eberard Bunsen 1811~1899) : 독일의 화학자로 키르히호프와 함께 분광학의 기초가 되는 연구를 수행했으며 화학의 광범위한 분야에서 업적을 남겼다. **분젠버너(Bunsen burner) : 가스를 연소시켜 고온의 열을 얻는 장치. 로베르트 분젠이 발명한 것으로 알려졌으나 실은 분젠이 간단한 원리 정도만 제시했고 연구소의 동료가 고생하여 만들었다고 한다.

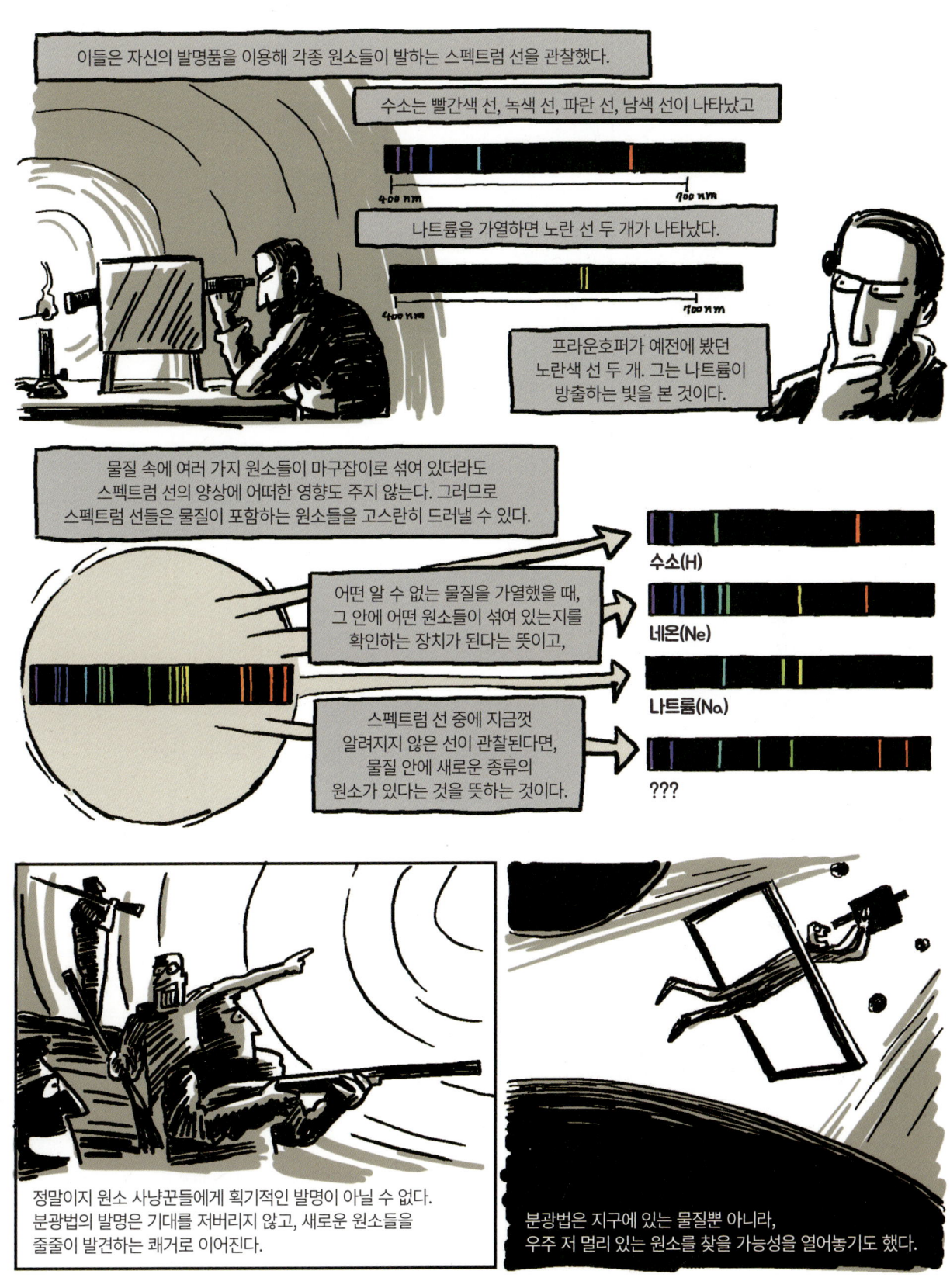

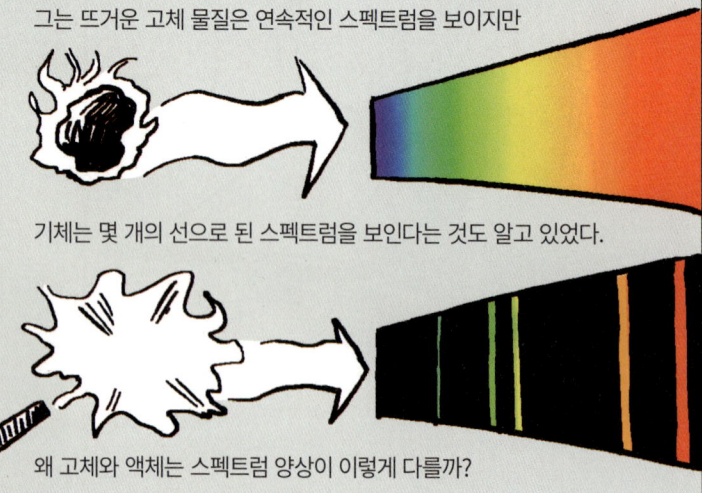

*오귀스트 콩트(Auguste Comte, 1798~1857) : 실증주의를 창시한 프랑스 철학자로 추상적인 믿음을 배척하고, 보이고 증명할 수 있는 것만을 추구해야 한다고 주장했다. **피에르 장센(Pierre Jules César Janssen, 1824~1907) : 프랑스의 천문학자. 태양광 스펙트럼에 헬륨의 분광선이 있다는 것을 발견했다.

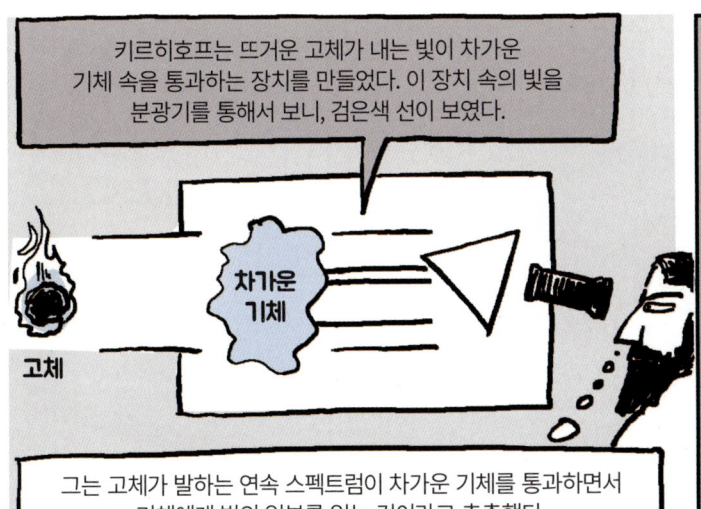

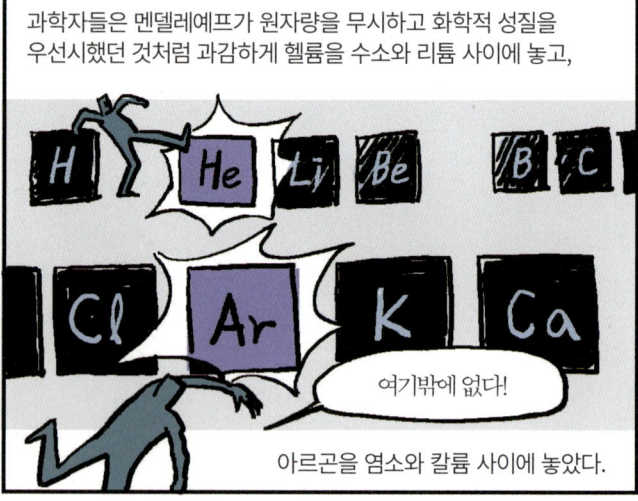

***비활성기체**(inert gas) : 화학적 활성이 없어서 화합물을 잘 만들지 못하는 기체. 헬륨, 네온, 아르곤, 크립톤, 제논, 라돈 등이 있다.

이 여행의 시작 즈음을 다시 떠올려보자.

과학자들이 더는 분해할 수 없는 순수한 상태의 물질을 원소라고 하면서 화학은 시작되었다.

원소들을 상대적인 무게순으로 나열했을 때 화학적 성질에 주기적인 패턴이 나타난다.

원소들 간의 결합과 분해에는 전기적 힘이 관여하고 있음이 분명하다는 것을 알게 되었다.

원소들은 마치 바코드처럼 각기 고유의 스펙트럼 선도 보여준다.

이러한 규칙들이 우연의 일치일 수가 없다. 하지만 동시에 무질서도 섞여 있다는 게 문제다.

자연은 단순하다는 믿음과 달리 원소들은 가짓수가 많으며, 주기율표상의 원소들 순서는 엄밀하게 원자량 순서인 것도 아니다.

화학적 성질 역시 패턴이 있긴 하지만 썩 흡족하지 않다.

물질을 이루는 원리는 과학자들을 좌절시키지 않을 정도로만 조금씩 노출되고 있는 것일까?

속상하다. 개운치가 않다.

당신들이 해낸 일들을 봐! 옳은 길로 가고 있는 거야!

무질서를 완벽히 걷어낼 완벽하고 단순한 원리가 있으며 결국 그것은 발견될 것인가?

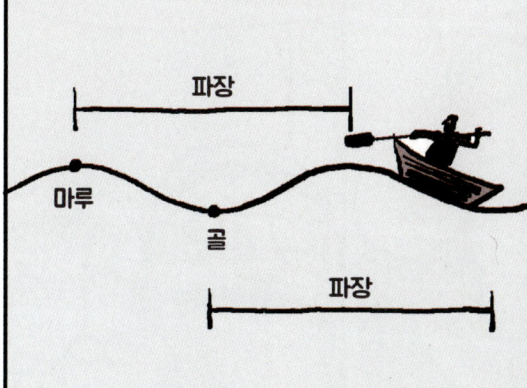

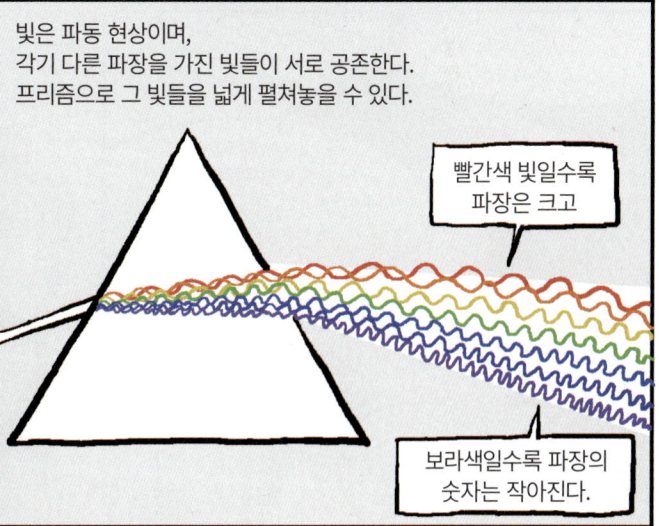

*유클리드(Euclid, B.C.330?~B.C.275?) : 그리스의 수학자이며 기하학의 창시자로 "학문에는 왕도가 없다"라는 말을 남겼다.

* **크리스티안 하위헌스**(Christiaan Huygens, 1629~1695) : 토성의 고리를 발견한 네덜란드의 천문학자, 물리학자. 운동량보존법칙, 에너지보존법칙을 뒷받침하는 역학 이론을 수립했으며 빛의 파동설을 주장했다.

하위헌스는 작은 선이나 구멍에서만 이런 효과가 나타나는 것으로 보아 빛의 파장은 매우 미세하다는 설득력 있는 주장을 했다.

*__회절 현상__(diffraction phenomenon) : 퍼져 나가는 파동이 장애물을 만났을 때 휘어서 도달하는 현상. 벽을 사이에 두고 소리를 들을 수 있는 것은 소리 파동이 회절하기 때문이다.

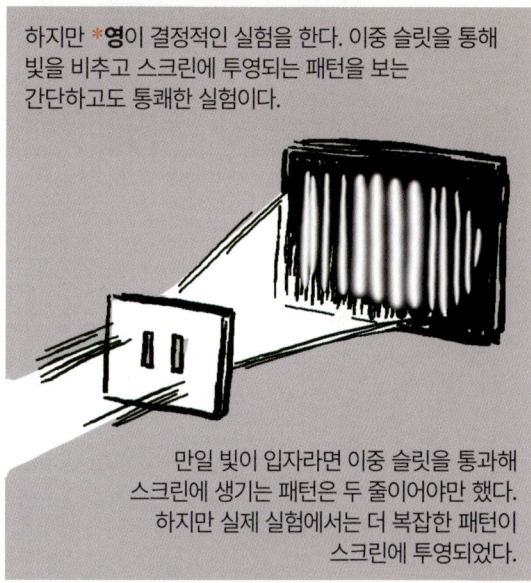

***토머스 영**(Thomas Young, 1773~1829): 의학, 고고학, 물리학 등 다양한 분야에서 박학다식함을 뽐낸 영국의 과학자. 빛의 간섭 원리를 발견하여 빛의 파동설을 지지했으며, 로제타석의 상형문자를 최초로 해독하기도 했다.

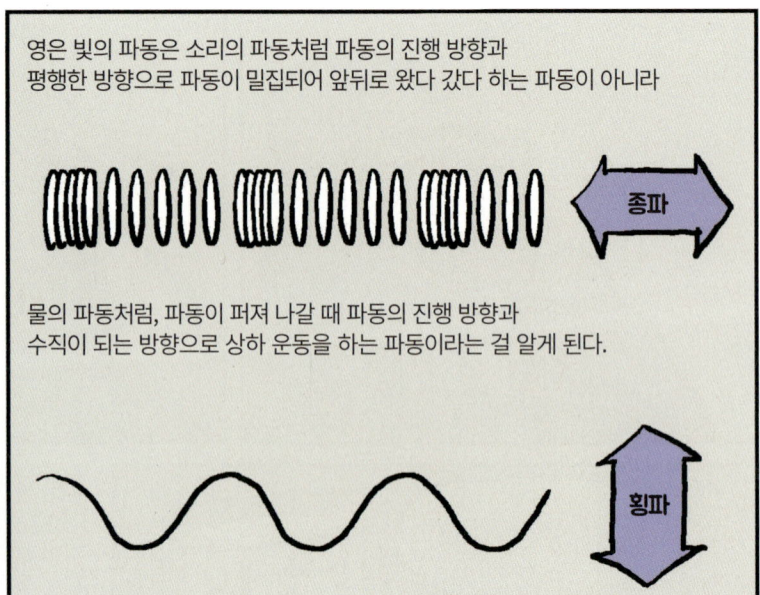

이제 과학자들이 왜 스펙트럼 선을 지칭할 때 파장을 사용하는지 이해했는가?

파장은 긴 시간 동안 많은 사람들이 빛에 대한 고민과 논쟁으로 쌓아 올린 결과물이다.

어쨌거나 빛이 파동이라는 것을 알았지만 이것은 빛에 대한 이야기의 작은 조각에 불과하다.

그런데…

ATOM
EXPRESS

CHAPTER
07

원자를 가리키는 희미한 단서
에너지와 기체가 만났을 때

나는 원자라는 용어에 시기심을 느끼고 있다는 점을 고백해야겠다.
원자를 말하는 것은 매우 쉽지만 그 본질에 대해 확실한 개념을 정립하기 어렵다.
— 마이클 패러데이

한동안 우리는 아리스토텔레스 일행과 원자를 벗어난 여정을 함께했다. 하지만 그 여정의 곳곳에는 원자의 자취가 존재했다. 원자는 자신을 드러내지 않으면서 우리를 조롱하는 듯하다. 지금부터는 원자를 쫓는 플라톤 일행의 여행에 동참할 것이다.

예로부터 과학자들을 괴롭힌 것이 있었으니, 바로 '열'이라는 것이다. 화학반응에도, 전기 현상에도 항상 열이 함께했지만, 이것이 무엇인지 단정짓기 어려웠다. 열은 정말 불가사의했다. 열은 물질인가? 물질이 아니라면 무엇이란 말인가. 힘겨운 노력 끝에 과학자들은 열의 정체를 조금씩 밝히고, 그 끝에서 원자에 대한 작은 단서를 찾아낸다. 열을 향한 난해하고도 흥미진진한 모험을 즐겨보자.

플라톤은 도대체 무슨 단서를 찾았다고 하는 것일까?

열이다. 뜨거운 열.

열과 원자는 서로 무슨 관계가 있는 걸까.

플라톤 일행의 시계를 거꾸로 돌려서 여행 초기에 지나쳤던 열에 대한 이야기를 살펴보자.

뜨거운 호떡을 놔두면 서서히 식고, 냉장고에 넣어뒀다가 꺼내면 손에 냉기를 전한다.

냉기가 있는 물체를 온기 있게 되돌리는 방법은 간단하다. 데우면 된다.

그렇다. 열 하나만 있어도 족하다.

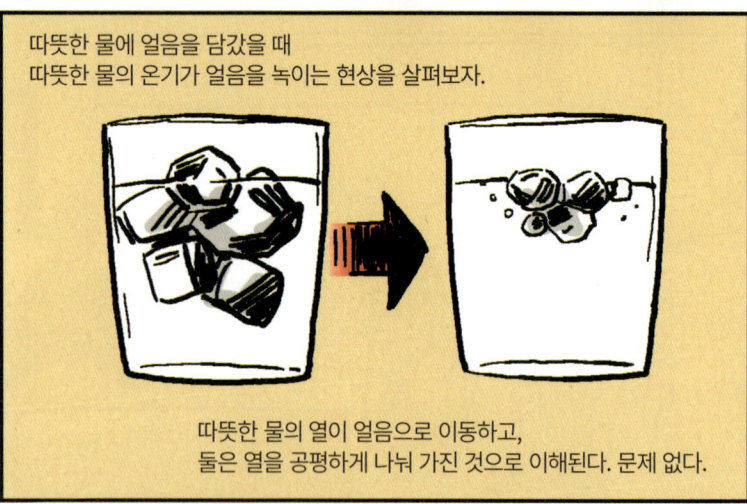

따뜻한 물에 얼음을 담갔을 때 따뜻한 물의 온기가 얼음을 녹이는 현상을 살펴보자.

따뜻한 물의 열이 얼음으로 이동하고, 둘은 열을 공평하게 나눠 가진 것으로 이해된다. 문제 없다.

추운 날씨에 털옷이 하는 역할은? 우리 몸의 열을 차가운 외부에 잃지 않게 하는 것이다.

차가운 돌바닥에 누웠을 때 냉기가 올라온다는 표현은 옳지 않다. 몸의 온기, 즉 열이 돌바닥으로 이동한다는 표현이 옳다.

열이 이동한다는 개념으로 이해하면 모든 것이 자연스럽다.

그런데 물질에서 물질로 이동하는 열이라는 것을 무엇으로 분류해야 타당할까?

일종의 물질일까?

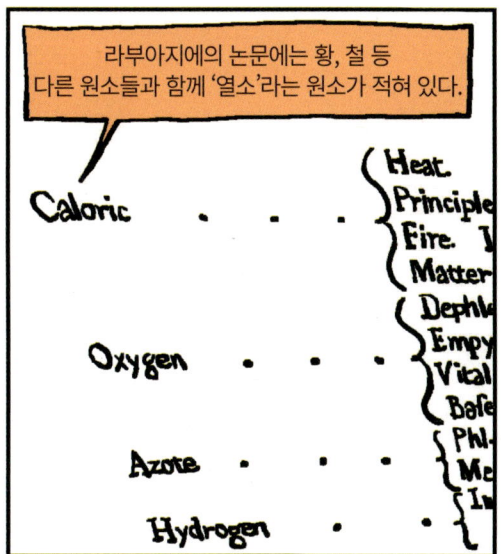

라부아지에의 논문에는 황, 철 등 다른 원소들과 함께 '열소'라는 원소가 적혀 있다.

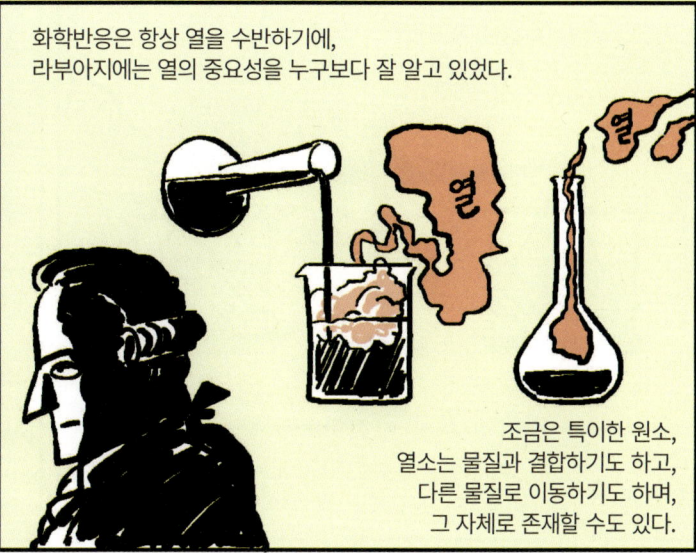

화학반응은 항상 열을 수반하기에, 라부아지에는 열의 중요성을 누구보다 잘 알고 있었다.

조금은 특이한 원소, 열소는 물질과 결합하기도 하고, 다른 물질로 이동하기도 하며, 그 자체로 존재할 수도 있다.

연소가 일어날 때 물체 안에 있던 열소는 방출된다.

두 물체를 강하게 마찰할 때도 물체에서 열소가 떨어져 나간다.

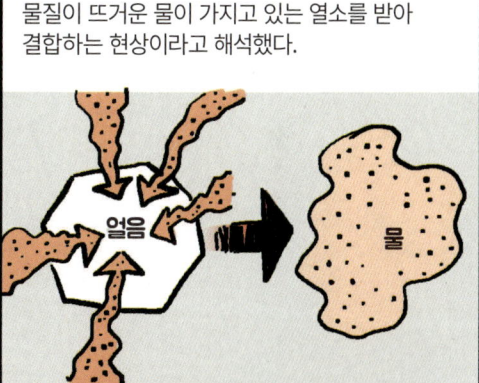

얼음이 뜨거운 물에서 녹는 것은 얼음을 이루는 물질이 뜨거운 물이 가지고 있는 열소를 받아 결합하는 현상이라고 해석했다.

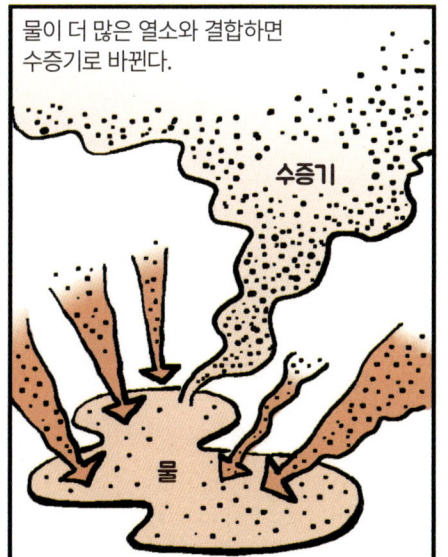

물이 더 많은 열소와 결합하면 수증기로 바뀐다.

돌턴도 라부아지에의 생각에 대체로 동의했고, 여기에 원자 개념을 더해서 열소가 원자들이 서로를 밀어내게 하는 원인이라고 주장했다.

수증기가 물보다 부피가 큰 이유는 많은 열소들 때문에 반발력이 그만큼 크기 때문!

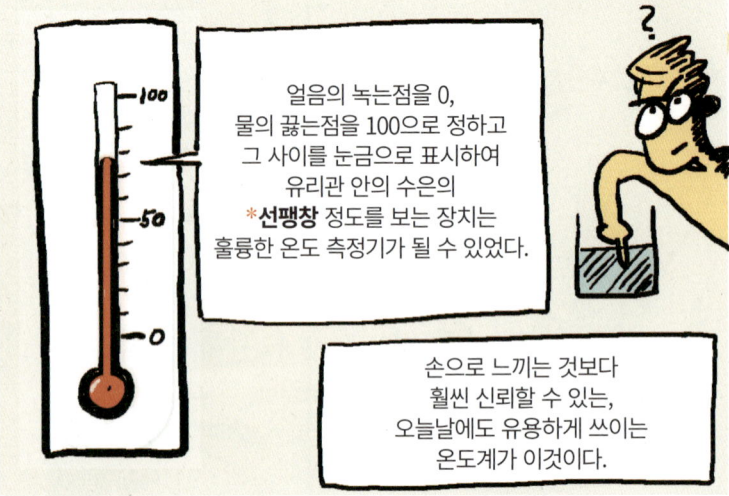

***선팽창**(linear expansion) : 온도가 올라감에 따라 물체의 길이가 늘어나는 현상.

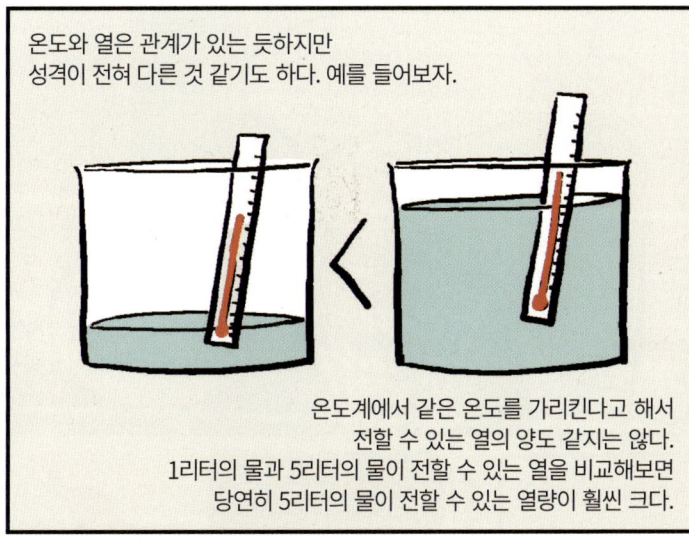

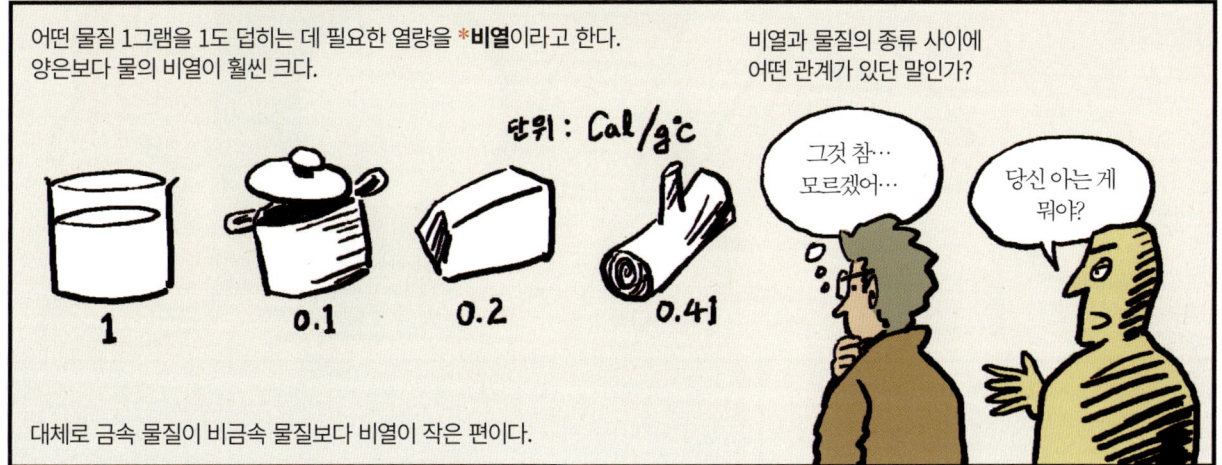

열, 온도 대체 이들은 무엇일까? 얼음이 물로, 물이 수증기로 변모하는 과정을 온도계를 꽂고 관찰해보면 신기한 현상을 목격할 수도 있다.

* **비열**(specific heat) : 어떤 물질 1그램의 온도를 섭씨 1도만큼 높이는 데 필요한 열량.
** **잠열**(latent heat) : 숨은열이라고도 부른다. 어떤 물질이 온도 상승의 효과를 나타내지 않고 단순히 물질의 상태를 바꾸는 데 쓰는 열.

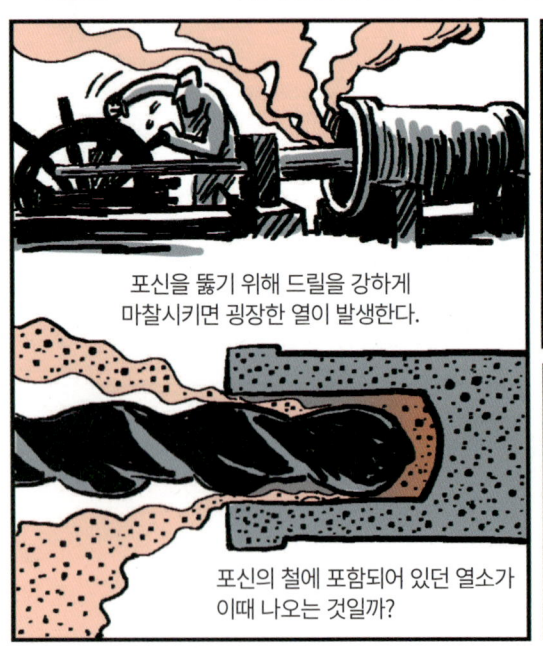

*일(work, W) : 물체에 힘이 작용하여 물체가 힘의 방향으로 일정한 거리만큼 움직였을 때에, 힘과 거리를 곱한 양. 즉 물체에 일정한 힘 F를 가해 힘의 방향으로 거리 S만큼 이동했을 때 물체에 W=F·s 만큼의 일을 한 것이다.

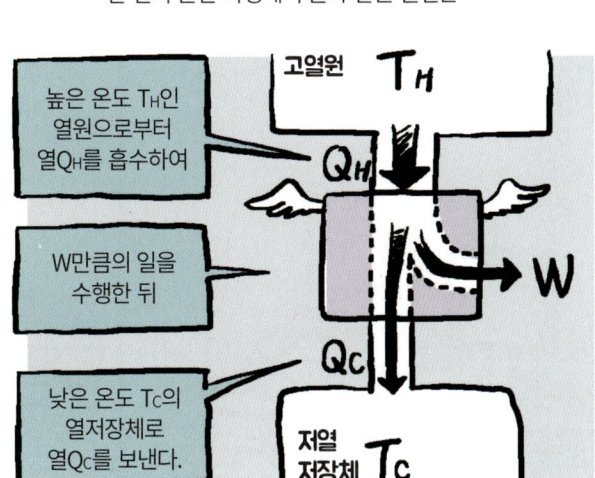
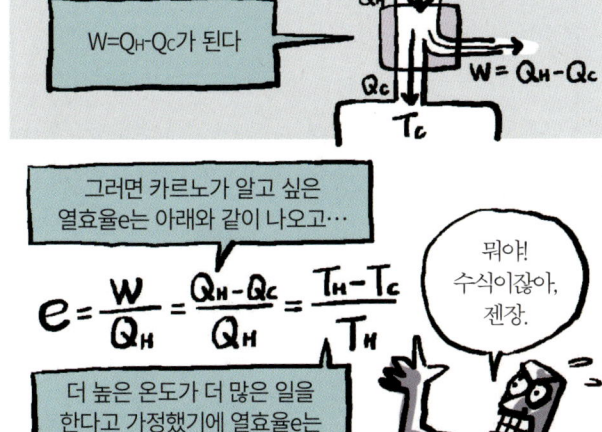

***니콜라 카르노**(Nicolas Leonard Sadi Carnot, 1796~1832) : 프랑스의 물리학자로 '카르노 순환 과정'을 정립한 열역학의 선구자.
****카르노기관**(carnot heat engine) : 카르노가 고안한 최대 열효율을 갖는 이상적인 열기관.
*****절대온도**(absolute temperature) : 캘빈 경(윌리엄 톰슨)이 제안한 이론적인 최저 온도로, 물질적 특이성에 의존하지 않는다. 단위는 K로, 섭씨온도(°C)에 273을 더하면 절대온도(K)가 된다.

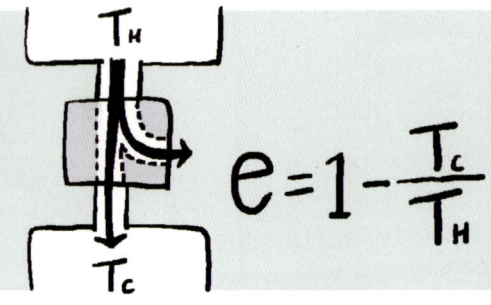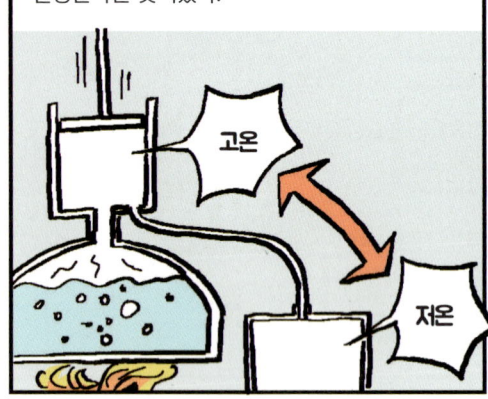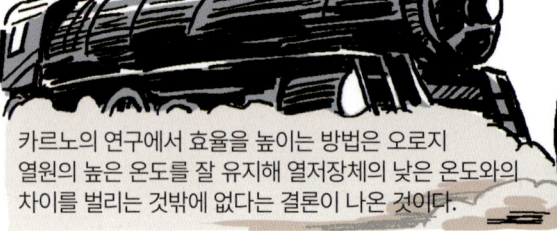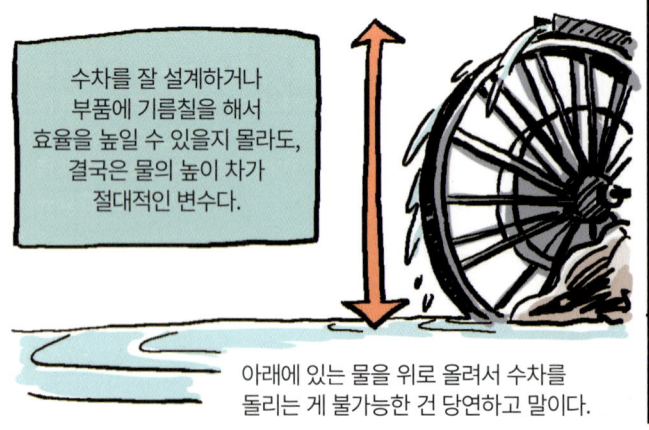

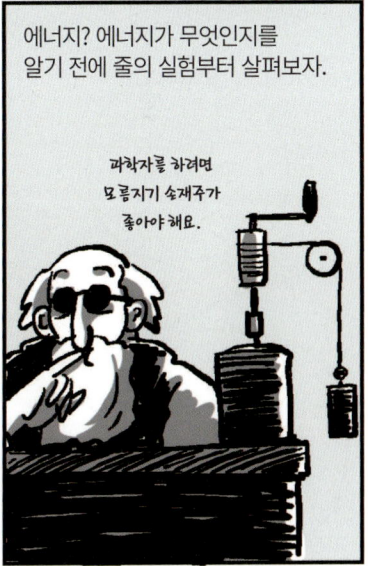

*제임스 줄(James Prescott Joule, 1818~1889) : 영국의 실험물리학자. 에너지와 일의 단위인 줄(J)은 그의 이름에서 따왔다.

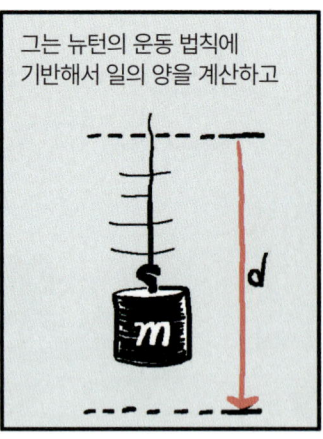

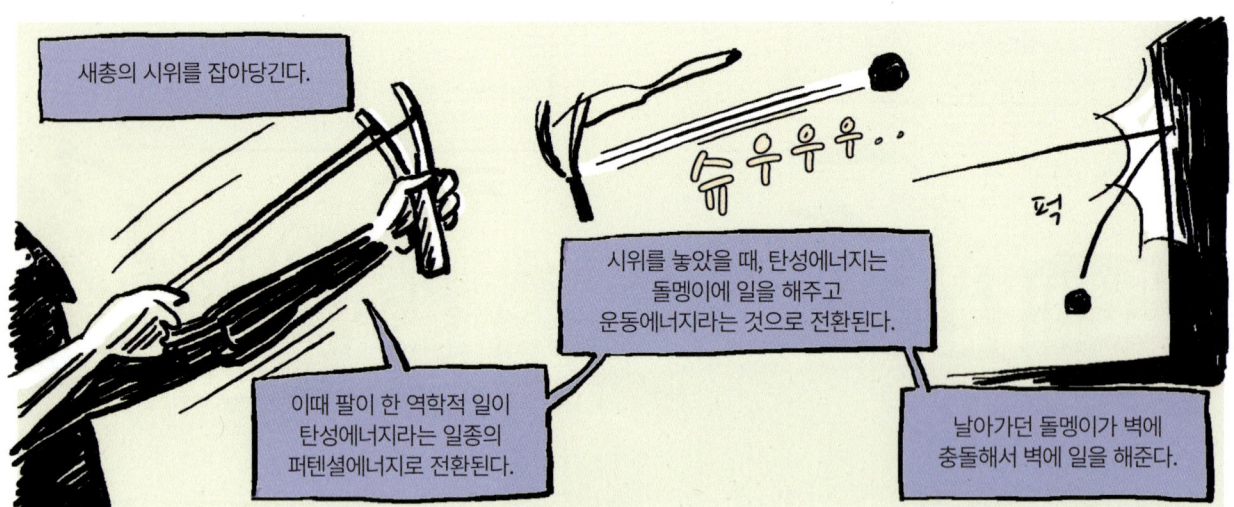

*에너지보존법칙(law of energy conservation) : 에너지가 다른 형태의 에너지로 전환할 때, 전후의 에너지 총합은 항상 일정하게 보존되는 법칙.

우리 언제 만났소? 낯이 익어요.

그랬을 거요, 플라톤입니다. 방금도 선생의 연구를 곁에서 엿봤습니다.

그나저나 줄 선생은 숙녀분들과 친하신 모양이오.

가끔은 다 같이 한 잔 하면서 긴장을 풀어야 하지 않겠소. 선생도 이리 오시지요. 자, 어서… 허허허.

좀처럼 만나기 힘든 여성 과학자분들을 소개하지요. 여기 이 아름다우신 분은 물리학자 *샤틀레 후작부인이시고

이쪽에 계신 더 아름다우신 분은…

호호호… 줄 선생도 주책이셔.

우헤헤헤헤

---

*에밀리 뒤 샤틀레(Émilie Du Châtelet, 1706~1749) : 프랑스의 과학자, 수학자, 철학자로 뉴턴의 《프린키피아》를 번역하여 프랑스에 전파시켰다. 이 과정에서 뉴턴의 오류를 수정하여 운동에너지가 질량에 속도의 제곱을 곱한 값에 비례함($E \propto mv^2$)을 증명하는 큰 업적을 남겼다.

이 시점에서 여행을 쫓아오고 있는 여러분은
어째 좀 혼란스럽고, 산만하다고 느낄 것 같다.

열? 역학적인 일? 에너지?

그전까지 과학자가 하던 일들은 그나마 쉽게 이해할 수 있는 것들이었다. 화학 실험에서 나오는 물질들을 분석하고, 질량을 측정하고, 무슨 일이 벌어지는지 측정값 사이의 관계를 추적하는 등…

꽤나 구체적이었다.

하지만, 열, 일, 에너지 등은
단어가 어려울 뿐만 아니라, 머릿속에
구체적으로 떠올리기도 어렵다.

손에 잡히지도
않는다.

열은 역학적인 일과 동등하고,
열이든 일이든 모두
에너지가 전달되는 한 형태예요!

그만하세요.
어렵다고요!

불만 섞인 목소리가 나올 만도 하다.
우리는 원자 여행을 하고 있었다.
지금 궤도에서 이탈하고 있는 것은 아닐까?

243

＊**등가**(Equivalence) : 가치, 의미, 양 등이 동등하다는 뜻.

역학적인 일이 열로 변환된다는 것은 어느 정도 이해할 수 있다.

열이 일로 변환되는 것도 이해할 수 있다.

그리고 과학자들은 열과 일, 둘은 등가라고 말한다.

그런데 정말 이해하기 어려운 건 열과 일이 어째서 서로 등가인가 하는 점이다. 망치로 철판을 두드리면 철판에 열이 생기는 것은 알겠다. 그런데 망치로 두드리는 역학적인 일이 철판의 온도를 올리는 상황과 구체적으로 어떻게 연결되느냐는 것이다.

어쨌든 이제 열과 일을 전혀 다른 눈으로 바라볼 수 있게 되었다. 에너지는 뭔가 일을 할 수 있는 능력을 말하며, 에너지는 화학 변화, 운동, 빛 등 다양한 모습으로 표출된다.

기차의 전진 같은 '일'로, 물이 끓는 것과 같은 '열'로… 에너지가 전환될 때의 형태는 이토록 다양하지만, 에너지의 총량은 변치 않는다.

245

잠깐만!

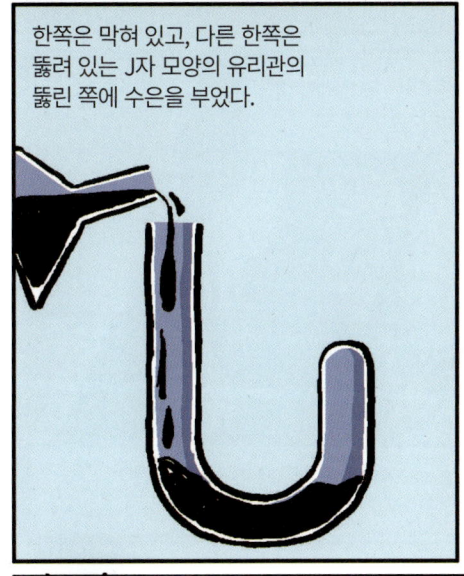

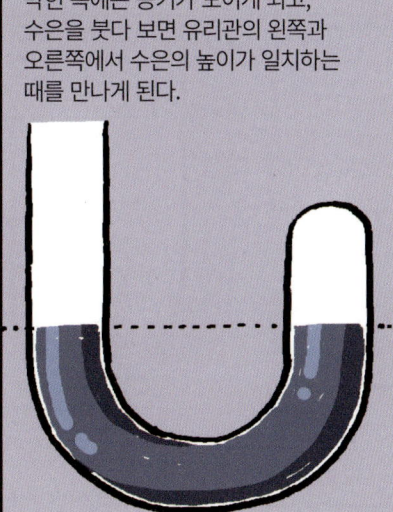

***로버트 보일**(Robert Boyle, 1627~1691) : 아일랜드 출신의 영국 화학자, 물리학자로 과학에서 실험을 강조했으며 입자 철학을 도입하는 등, 근대 과학의 토대를 구축했다. ****에반젤리스타 토리첼리**(Evangelista Torricelli, 1608~1647) : 기압을 처음으로 측정한 이탈리아의 과학자로 '토리첼리 관, 토리첼리 진공'으로 알려진 연구는 후대 연구에 큰 영향을 끼쳤다.

토리첼리는 76센티미터 높이의 수은 기둥이 단위 면적을 누르는 압력이 대기압과 같다는 사실을 알게 되었다.

대기압은 말 그대로 공기가 짓누르는 압력이다.

물속에서는 조금만 더 깊이 들어가도 수압이 증가하는 것을 체험할 수 있는데, 이는 물이 상당히 무겁기 때문이다.

공기는 물보다 가벼워서 체감되는 정도는 덜하지만 분명히 무게가 나가기 때문에, 우리는 지표면에서 토리첼리가 측정한 양만큼의 대기압을 받고 있는 것이다.

보일의 이야기로 돌아오면, 토리첼리의 대기압을 확실히 이해했던 보일은 자신의 J자형 관의 막힌 쪽에 갇힌 공기의 압력을 두 배 증가시킬 만큼의 수은을 추가로 들이부었다.

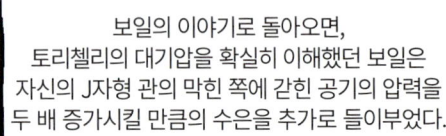

이때 갇힌 공기의 부피는 딱 절반만큼 줄어든다는 것을 알아차린다.

압력을 세 배 증가시키면 부피는 1/3이 된다. 이 분명한 패턴은 ***보일의 법칙**으로 알려진다.

보일의 법칙을 좀더 물리스럽게 표현하면 '압력과 부피를 곱한 값은 일정하다'가 될 수 있겠다.

$$P_0 V_0 = PV = 일정!$$

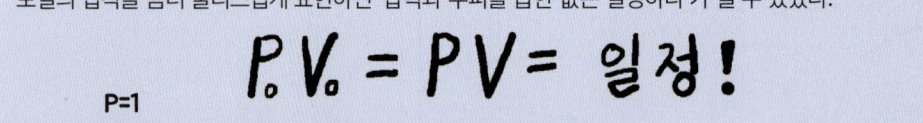
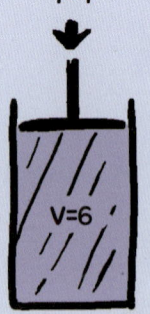
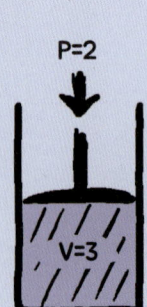
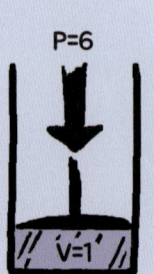

단 조건이 있다. 압력을 변화시킬 때 기체의 온도는 일정하다는 조건.

***보일의 법칙**(Boyle's law) : 일정한 온도에서 기체의 압력과 그 기체의 부피는 서로 반비례한다.

기체가 보여주는 패턴은 보일의 법칙 말고도 더 있다.

압력뿐 아니라 온도 변화에 대해서도 기체의 부피가 일정한 비율로 커진다는 것인데,

*샤를이라는 과학자는 기체의 온도가 증가하는 비율과 같은 비율로 기체의 부피가 증가한다는 것을 발견한다.

수소, 질소, 산소… 놀랍게도 어떤 기체이냐와 관계없이 이 패턴이 나타난다.

**샤를의 실험 내용은 실로 놀라웠고, 게이뤼삭은 심혈을 기울여 샤를의 실험을 재현해 정확히 그러하다는 것을 다시 확인했다.

악~ 진짜야!

오버 하지 마.

기체의 종류와 무관하게 온도가 증가함에 따라 같은 비율로 기체의 부피가 늘어나며, 섭씨 1도 증가하면 0도 부피의 1/273만큼 부피가 일정하게 증가한다는 구체적인 결과까지 얻어냈다.

안 신나?

***톰슨(이분은 나중에 켈빈 경이라 불린다)은 기체가 이렇게나 온도 증가에 따라 일정한 비율로 팽창한다는 사실은…

기존의 온도계를 보다 정밀하게 개량할 수 있는 원리가 된다는 것을 깨닫는다.

우리가 흔히 접하는 섭씨온도계는 물의 어는점을 0도, 끓는점을 100도로 정하고 그 사이를 100등분하여 눈금을 매긴 것이다.

톰슨이 보기에 이런 온도계는 특정 물질의 성질에 의존하기 때문에 과학 연구에 사용될 만큼 엄밀하지 못했다.

*자크 샤를(Jacques Alexandre César Charles, 1746~1823) : 프랑스의 물리학자로 손수 만든 수소 기구를 최초로 시승했다. 기체의 부피와 온도와의 관계를 밝혔다. **샤를의 법칙(Charles's law) : 일정한 압력에서 기체의 부피는 기체의 종류와 관계없이 열팽창하는 정도가 같다.
***윌리엄 톰슨(William Thomson, 1824~1907) : 절대온도 개념을 도입했고 열역학에 큰 기여를 한 영국의 과학자. 켈빈 경이라고도 불린다.

그래서 톰슨은 *절대온도 개념을 창안한다.

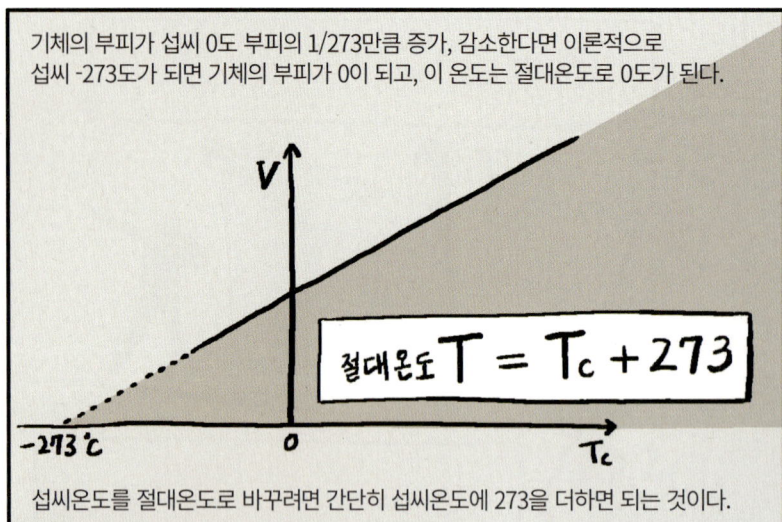

기체의 부피가 섭씨 0도 부피의 1/273만큼 증가, 감소한다면 이론적으로 섭씨 -273도가 되면 기체의 부피가 0이 되고, 이 온도는 절대온도로 0도가 된다.

절대온도 $T = T_c + 273$

섭씨온도를 절대온도로 바꾸려면 간단히 섭씨온도에 273을 더하면 되는 것이다.

섭씨온도는 물의 녹는점과 끓는점을 100등분 한 것에 불과하기 때문에 물리학적으로 엄밀하지 않지만 절대온도 200도는 절대온도 100도보다 온도가 두 배 높다고 정확히 말할 수 있다.

이제 좀 과학적이군!

그런데 절대온도는 생각할수록 심오한 구석이 있다.

절대온도 0도에서는 기체의 부피가 0이 되어 사라진다는 것인가? 사라진다니?

실제로는 대부분의 기체는 온도가 내려가면서 수축하다가 액체가 되고 고체가 되는 것이지, 사라지지 않는다.

절대온도 0이 되는 상태는 정확히 어떤 상태를 뜻하는 것일까?

톰슨은 줄이 언급한, 열은 일과 등가이며 온도의 변화는 일의 양이 변하는 것이라는 생각에 공감하고 있었다.

톰슨의 절대온도 0도의 해석은 다음과 같았다.

열과 일은 등가이기 때문에 절대온도 0도는 더는 그 온도에서 뽑아내어 일로 전환할 것이 남아 있지 않은 상태다.

*절대온도(absolute temperature) : 이론상 추측하는 최저온도. 절대온도 0도(0K)에서 물질을 구성하는 원자나 분자의 진동이 완전히 멈추는 것으로 해석할 수 있다.

우리 직관으로는 뜨거워지는 것도 할 수만 있다면 한계가 없을 것만 같고, 차가워지는 것도 마찬가지로 한계가 없을 것만 같다.

하지만 절대온도 개념으로는 온도의 위쪽은 무한대지만, 아래쪽 온도는 더 내려갈 수 없는 바닥이 있다는 것이다.

확실히 해야 할 것은 이렇게 절대온도가 아래쪽으로 한계치가 있다는 것은 열을 일로 보았기 때문이라는 것이다.

알았다고! 지긋지긋!

자, 이제 종합해보자.

보일의 법칙은 기체의 압력과 부피의 곱은 일정하다는 것이며

$$PV = P'V'$$

샤를로부터 시작한 기체의 온도와 부피 관계는 부피를 절대온도로 나눈 값 역시 일정하다는 것이다.

$$\frac{V}{T} = \frac{V'}{T'}$$

물론 둘 다 전제조건이 있다.

보일의 법칙에서는 기체의 온도가 일정하다는 전제하에 그렇다는 것이고,

일정

샤를의 법칙에서는 기체의 압력이 일정하다는 전제가 깔려 있다.

일정

그렇지만 현실에서는 기체와 관련해 좀더 복합적인 현상을 관찰할 수 있다.

기체의 온도, 압력, 부피는 서로 엮여 있는 것인데…

예를 들어 타이어에 공기펌프로 공기를 강하게 밀어 넣으면 타이어 안의 공기 온도는 올라간다.

$$P\uparrow \quad T\uparrow$$

즉, 기체의 압력이 증가하면 온도가 올라간다.

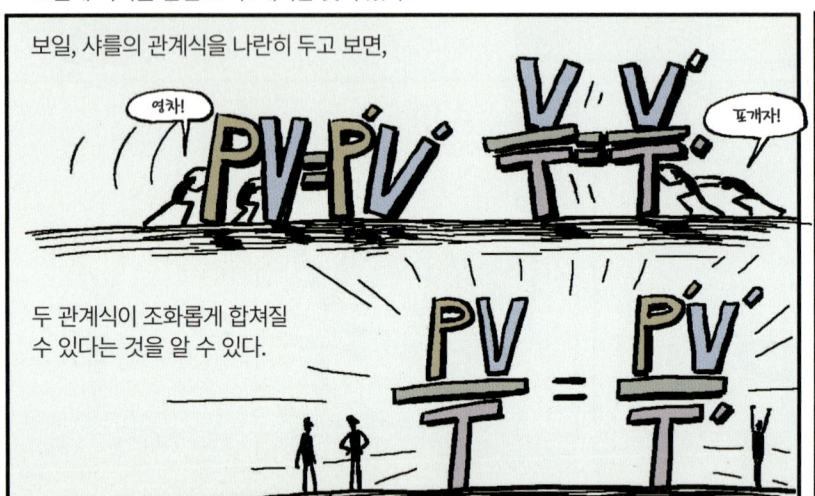

어떤 방식으로 접근할 것인가.

기체에 관한 식을 만들기까지 과학자들은 익숙한 방식에 의존했다.

온도, 부피, 압력과 같은 것들을 정밀하게 측정한다.

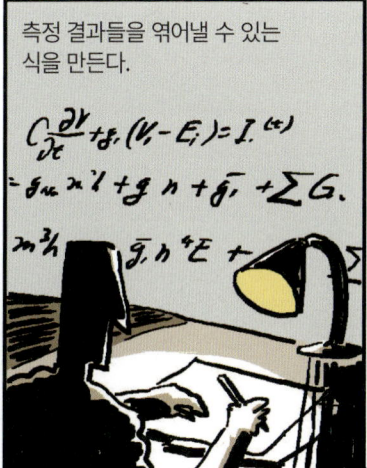

측정 결과들을 엮어낼 수 있는 식을 만든다.

ATOM
EXPRESS

CHAPTER
08

기체가 원자를 증명한다!
이론물리학자들이 판을 바꾸다

과학은 이성의 제자이기도 하지만 낭만과 열정의 제자이기도 하다.
– 스티븐 호킹

몇몇 과학자들은 열을 연구하며 기체의 온도, 압력, 부피 사이에 성립하는 일정한 패턴은 하나의 퍼즐이라는 것을 직감한다. 이 퍼즐을 풀기 위해서는 과감한 가정 하나를 던져야 한다는 것도 알게 된다. 그 가정은 일찍이 데모크리토스가 제시한 '원자'다. 지금껏 보지 못했던 과학자들이 원자를 무기로 이 문제에 도전한다. 이들은 데모크리토스와 닮았으면서도 달랐는데, 수를 다루는 능력은 신기에 가까웠으며, 무한한 인내심으로 무장했다.

우리는 화학자들이 원자를 가정하고, 화학반응을 얼마나 잘 설명했는지 보았다.

많은 화학자들이 원자가 진짜 있는 것인지에 대해서는 그다지 진지하게 생각하지 않았지만, 원자는 통합적인 화학 체계를 정립하는 데 너무나 유용하다는 것을 모든 화학자들이 인정하고 있었다.

아주 좋아. 쓸 만해.

화학과 달리 물리 분야는 원자에 전혀 관심이 없었다.

원자?

촌스럽게…

만물의 운동 방식을 설명하는 뉴턴의 이론, 전기와 자기 현상을 아우르는 패러데이와 맥스웰의 이론… 기체의 온도와 압력, 부피 사이에 성립하는 기체 이론에서 원자를 고려할 필요성은 없어 보였다.

원자? 그건 왜?

그래도 개중에 보일 같은 학자는 물리학에서 드물게 원자를 끄집어냈다.

원자~~

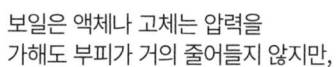

보일은 액체나 고체는 압력을 가해도 부피가 거의 줄어들지 않지만,

기체의 경우는 압력을 가하면 부피가 큰 폭으로 줄어들 수 있다는 것을 두고

259

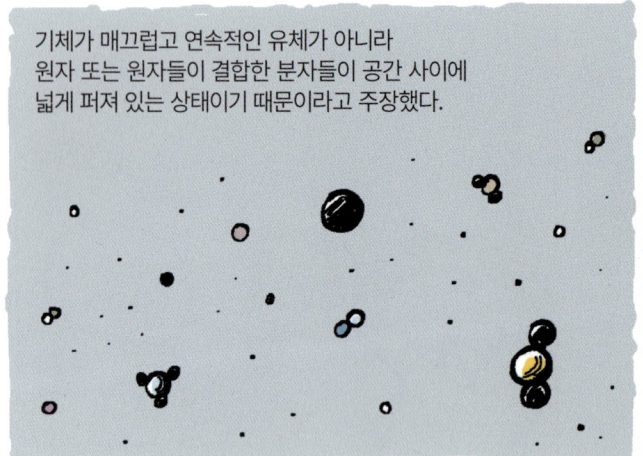
기체가 매끄럽고 연속적인 유체가 아니라 원자 또는 원자들이 결합한 분자들이 공간 사이에 넓게 퍼져 있는 상태이기 때문이라고 주장했다.

그러자 보일의 주장을 오래된 철학적 문제, '불가능한 빈 공간'을 거론하며 반박하는 상황이 또 벌어진다.

철학자들에게 원자 자체보다는 빈 공간이 더 문제였다.

아무것도 없는 공간? 위대한 철학자 파르메니데스가 그랬지. 없는 건 없는 거라고…

보일은 토리첼리의 실험이 빈 공간은 분명히 존재한다는 것을 증명한다고 반박했다.

진공

이걸 보라니까!

철학자와 실험가들은 생각의 간극을 좁히지 못했다.

상상의 자유와 실용성을 추구하는 일부 과학자들에게 철학은 일종의 구렁텅이였다. 굳이 발 들일 필요가 없었다. 돌턴도 그중 한 사람이었다.

한심한… 언제까지 철학 타령을 하고 있을 것인가!

원자 또는 분자가 있고 마치 우주 공간의 행성들처럼 서로 멀리 떨어져 있다.

띠용
띠용

돌턴은 기체가 나름 압력에 저항하는 것을 두고 원자들은 서로 반발력이 있어야 한다고 생각했다. 그래서 그는 원자들이 열소로 둘러싸여 있고, 이것이 입자 간 반발력의 원인이라고 생각했다.

과학자들은 에너지 개념을 발견하면서, 열소라는 것을 과학에서 지워버린다.

그렇다면 원자나 분자 사이의 반발력은 무엇이 책임지는가?

뉴턴 역시 기체의 입자설에 찬성하고 있었다. 기체는 공간 안에 넓게 흩어져 있는 입자들이며 입자 사이에는 거리의 제곱에 반비례하는 반발력이 작용한다.

이렇게 가정하면, 기체의 압력과 부피는 서로 반비례한다는 보일의 법칙이 수학적으로 유도될 수 있다고 풀이했다.

식은 죽 먹기…

하지만 뉴턴의 풀이에는 다분히 임의적인 전제조건으로 반발력이라는 요소가 있는데

왜?

반발력이 있다는 것을 무조건적으로 전제해야 했다.

만유인력에서도, 질량체 사이의 인력이 작용하는 이유는 말 안 했어. 반발력에 대해서도 왜냐고 묻지 말게!

어흠

기체 속 무수한 입자들이 넓은 거리를 두고 흩뿌려져 있고, 알 수 없는 반발력을 발산한다는 보일, 돌턴, 뉴턴의 생각…

아무래도 이제는 반발력에 대해서 뭔가… 설명이 필요해 보인다.

왜 기체를 이루는 입자들은 공간을 사이에 두고 서로 밀치고 있는가?

꾸욱

베르누이의 '운동하는 원자'라는 발상은 혁신적이었지만, 큰 장벽 앞에서 걸음을 멈춰야 했다.

보일의 법칙은 기체 관계식으로 흡수되는데 기체 관계식 안에는 기체의 압력, 부피, 온도라는 세 가지 변수가 있다.

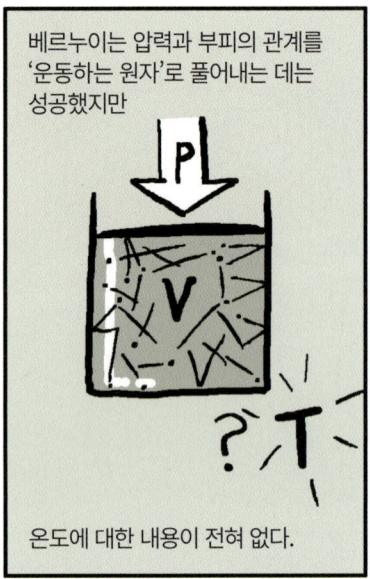
베르누이는 압력과 부피의 관계를 '운동하는 원자'로 풀어내는 데는 성공했지만

온도에 대한 내용이 전혀 없다.

베르누이가 살던 시대는 지상의 모든 물체들의 역학적인 운동과 천체들의 운동까지 설명하고 예측할 수 있는 위대한 뉴턴의 역학 이론이 지배하고 있었다.

그렇다고 자연 현상들을 가리던 안개가 깨끗이 걷힌 것은 아니었다.

온도, 빛, 전기, 자기현상, 생명체 등등…

이런 것들은 뉴턴의 역학 이론과 어떻게 연결되어 있는지, 아직은 모르는 다른 법칙들로 설명해야 할지 알 길이 없었다.

뉴턴의 우주는 거대한 핀볼 게임과 비슷했다.

따뜻함 같은 온도와는 관계가 없는 듯이.

하지만 시대가 바뀌면서 럼퍼드, 톰슨, 줄과 같은 학자들의 노력으로 열을 어렴풋이 이해하게 되었고

열은 역시나 뉴턴의 역학 이론과 이어져 있음이 분명해 보였다. 뉴턴이 알았으면 무척 흡족해했을 것이다.

*루돌프 클라우지우스(Rudolf Julius Emanuel Clausius, 1822~1888) : 열역학 제2법칙을 창안했으며, 기체운동론을 본격적으로 제안한 독일의 이론물리학자.

실험, 관측, 관계식 만들기.
지금까지의 과학자들 모습이다.

이제는 지금까지 보지 못했던 신종 과학자들을 만날 시간이 왔다.
이들은 실험 장치 대신에 펜과 종이로 진리를 파헤친다.

클라우지우스, 맥스웰, **볼츠만**이 새로운 물리학의 선봉에 섰다.

**이론물리학자들은 기체를 이해하기 위해 완전한 관념의 세계로 들어간다.

클라우지우스의 계획은 독창적이었는데,
전체적인 순서를 보면 왜 독창적인지 알 수 있다.

목표 지점은 기체 관계식으로 두고 있었다.

출발선에 선 이들은 최소한의 조건만 걸어놓은
가정을 택한다.

일단 가정한다.

기체는 운동하는 미세한 입자들로 구성되어 있다는 것.

입자들은 속해 있는 공간에서 무시할 수 있을
정도로 부피를 거의 점유하지 않는다는 것.

***루트비히 볼츠만**(Ludwig Eduard Boltzmann, 1844~1906) : 오스트리아의 물리학자로 엔트로피를 통계학적으로 설명한 20세기 초반 과학 혁명의 선구자.
****이론물리학**(theoretical physics) : 수학적 모형을 만들어서 물리학적 현상을 이해하고 예측하는 학문 분야야.

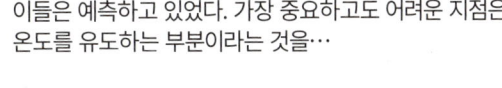

먼저 압력이다.

기체를 구성하는 입자들 자체의 부피는 무시할 정도로 작아서 기체가 차지하는 공간은 한마디로 텅 비어 있는 것이나 다름없다.

그런데 기체는 어떻게 일정한 부피를 형성하면서 압력을 행사하는 것일까?

베르누이의 생각과 같다. **압력은 입자들이 벽에 충돌하면서 가하는 힘**의 총합이다.

우리의 감각으로는 무수한 입자들이 빈번하게 벽에 충돌하는 것을 구별할 수 없기에, 기체의 압력을 연속적인 힘으로 느낄 수밖에 없다.

다음은 기체의 온도다. 압력보다 풀기 어려운 문제다…

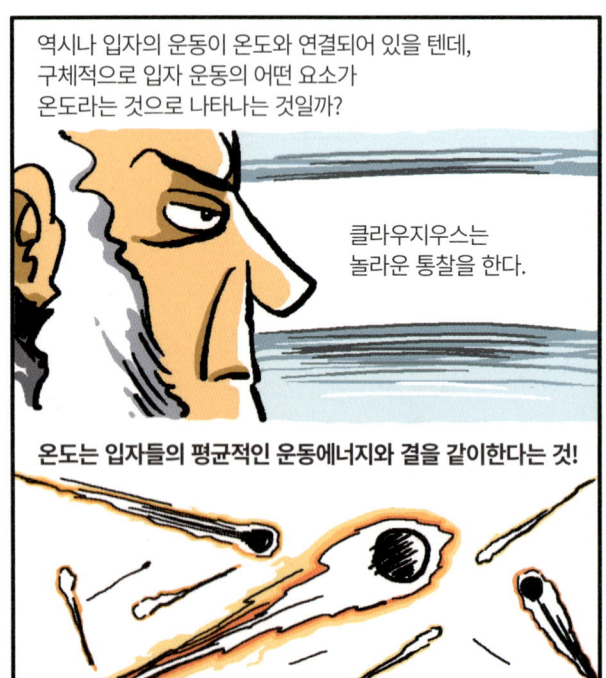

역시나 입자의 운동이 온도와 연결되어 있을 텐데, 구체적으로 입자 운동의 어떤 요소가 온도라는 것으로 나타나는 것일까?

클라우지우스는 놀라운 통찰을 한다.

온도는 입자들의 평균적인 운동에너지와 결을 같이한다는 것!

입자들의 운동에너지는 곧 **입자들의 평균 속력**과 직결된다!

내가 평균!

기체의 온도가 낮다는 것은 입자의 움직임이 느린 것이고 온도가 높다는 것은 입자의 움직임이 빠른 것이다.

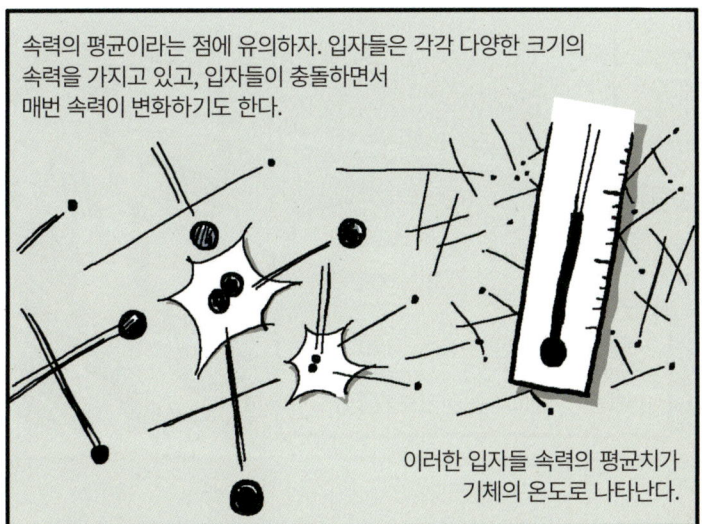

속력의 평균이라는 점에 유의하자. 입자들은 각각 다양한 크기의 속력을 가지고 있고, 입자들이 충돌하면서 매번 속력이 변화하기도 한다.

이러한 입자들 속력의 평균치가 기체의 온도로 나타난다.

기체의 온도를 기체를 이루는 입자들의 속력으로 풀어낸 것은 크나큰 쾌거였다.

클라우지우스 선생님, 이거 맞는 거 같아요!

톰슨은 절대온도 0도를 **뽑아낼 일이 전혀 없는 상태**라고 해석했었다.

이 얼마나 추상적인 설명인가?

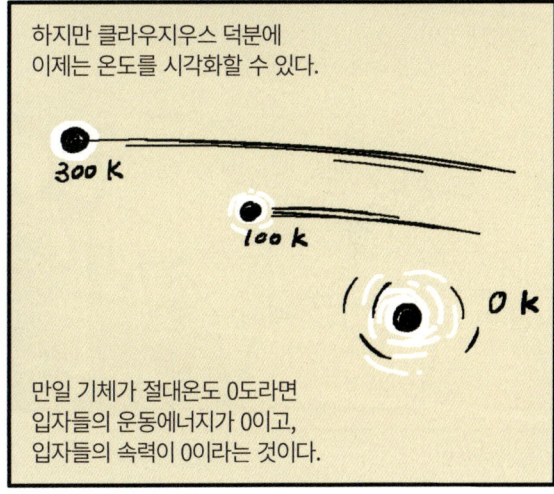

하지만 클라우지우스 덕분에 이제는 온도를 시각화할 수 있다.

만일 기체가 절대온도 0도라면 입자들의 운동에너지가 0이고, 입자들의 속력이 0이라는 것이다.

속력이 0이니 입자들은 바닥으로 떨어질 것이다.

기체 말고, 고체의 온도는 어떻게 이해할 수 있을까?
고체를 구성하는 원자는 서로 옴짝달싹 못 하도록 맞닿아 있을 텐데, 어떻게 속력을 낼 수 있단 말인가?

운동할 수 있다! 원자들은 그 자리에서 좌우상하의 진폭을 가지면서 진동하고 있으며 이때의 평균 운동에너지가 온도로 나타나는 것이다.

고체, 기체, 액체 할 것 없이
원자나 분자의 평균적인 운동에너지가 곧 온도다!

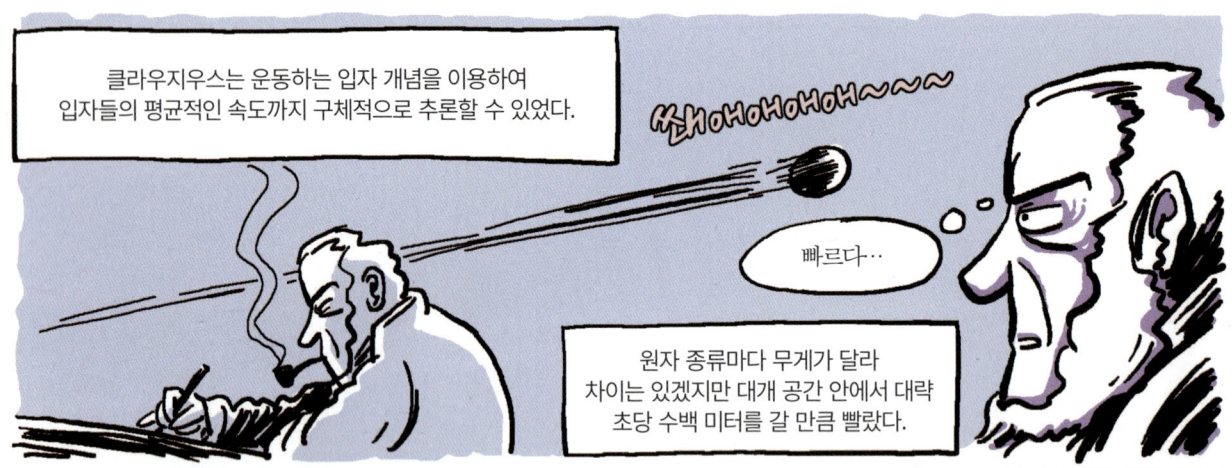

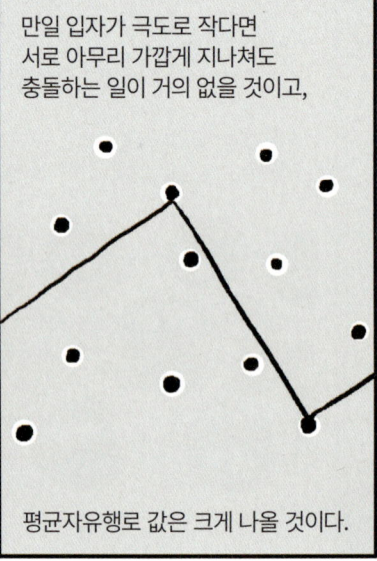

***평균자유행로**(mean free path) : 입자가 다른 입자와 충돌하고 다음 충돌이 일어날 때까지 움직이는 거리를 '자유행로'라고 하며. 자유행로의 평균값이 평균자유행로다.

하지만 입자의 크기를 알 길이 없기 때문에 평균자유행로의 수치를 계산할 수는 없었다.

클라우지우스는 애초에 원자란 그저 매우 작은 무수한 입자라고만 가정했지 구체적으로 입자 크기가 어느 정도라고는 가정하지 않았기 때문이다.

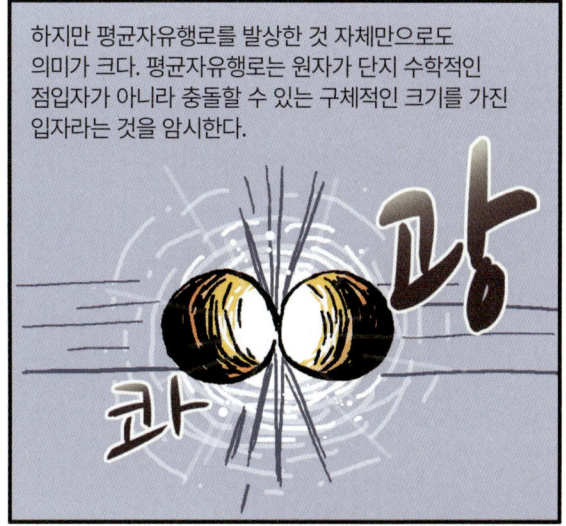
하지만 평균자유행로를 발상한 것 자체만으로도 의미가 크다. 평균자유행로는 원자가 단지 수학적인 점입자가 아니라 충돌할 수 있는 구체적인 크기를 가진 입자라는 것을 암시한다.

클라우지우스는 놀랍게도 거의 성공했다. 운동하는 입자가 기체의 압력, 부피, 온도와 어떤 관계가 있는지 연필과 종이만으로 설명했고, 기체 관계식 너머의 원인을 찾아낸 것이다.

클라우지우스의 계산 과정을 자세히 살펴보는 것은 무리지만, 그 계산이 구체적으로 어떤 내용을 담고 있는지 시각화해서 조망해볼 수 있다.

성능이 엄청난 현미경이 있고, 시간 조절 장치도 있다고 하자… 그렇다고 치자.

이 장비로 원자의 움직임을 슬로모션으로 보자.

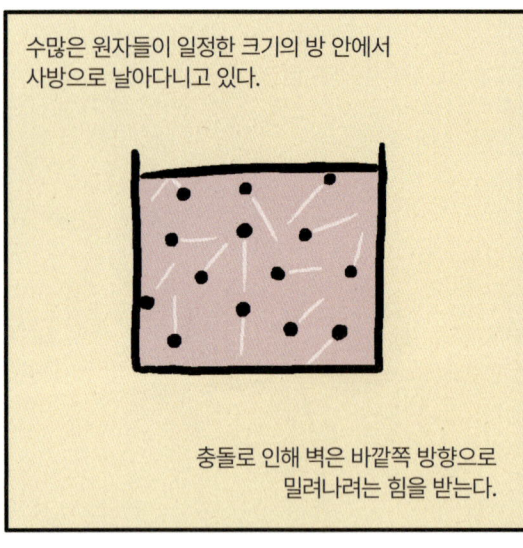

수많은 원자들이 일정한 크기의 방 안에서 사방으로 날아다니고 있다.

충돌로 인해 벽은 바깥쪽 방향으로 밀려나려는 힘을 받는다.

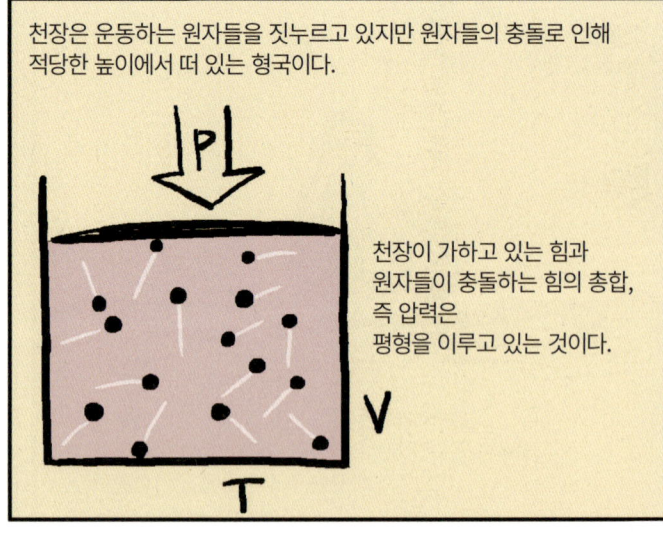

천장은 운동하는 원자들을 짓누르고 있지만 원자들의 충돌로 인해 적당한 높이에서 떠 있는 형국이다.

천장이 가하고 있는 힘과 원자들이 충돌하는 힘의 총합, 즉 압력은 평형을 이루고 있는 것이다.

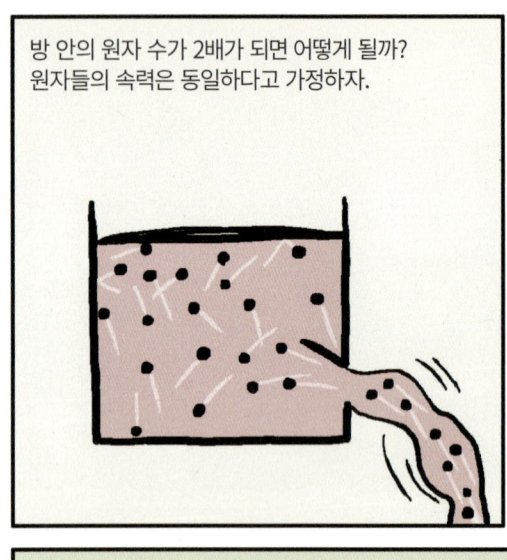

방 안의 원자 수가 2배가 되면 어떻게 될까? 원자들의 속력은 동일하다고 가정하자.

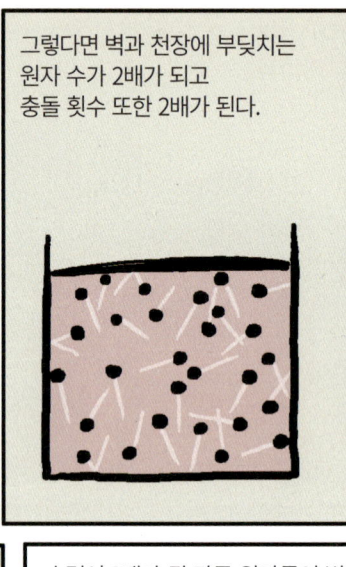

그렇다면 벽과 천장에 부딪치는 원자 수가 2배가 되고 충돌 횟수 또한 2배가 된다.

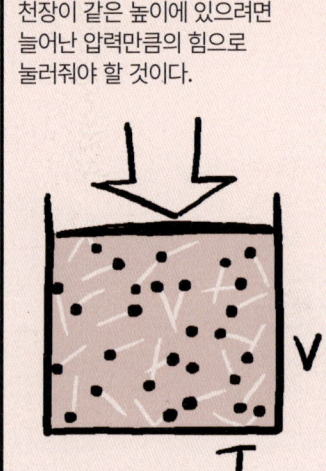

천장이 같은 높이에 있으려면 늘어난 압력만큼의 힘으로 눌러줘야 할 것이다.

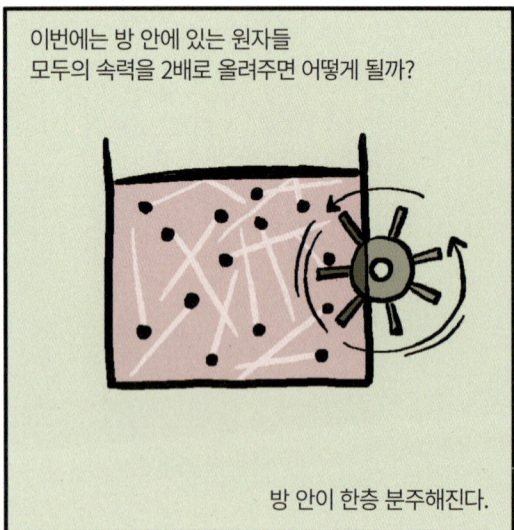

이번에는 방 안에 있는 원자들 모두의 속력을 2배로 올려주면 어떻게 될까?

방 안이 한층 분주해진다.

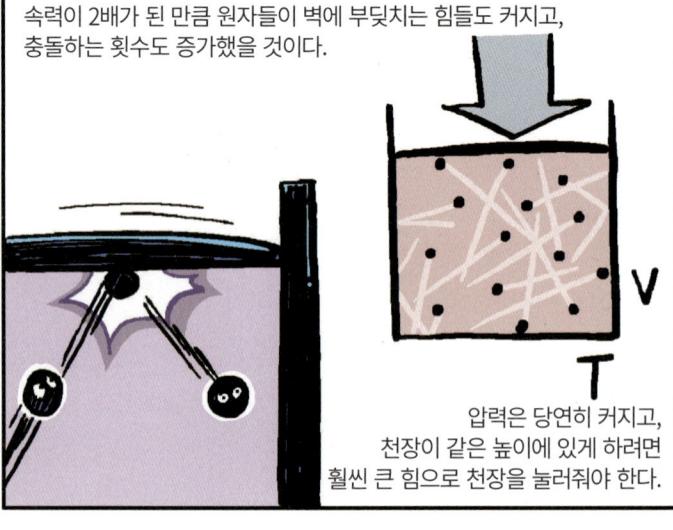

속력이 2배가 된 만큼 원자들이 벽에 부딪치는 힘들도 커지고, 충돌하는 횟수도 증가했을 것이다.

압력은 당연히 커지고, 천장이 같은 높이에 있게 하려면 훨씬 큰 힘으로 천장을 눌러줘야 한다.

이번에는 조금 더 복잡한 상황이다.

천장을 천천히 아래로 내려본다.
점차 방의 크기는 줄어든다.

아래로 다가오는 천장에
부딪힌 원자는 원래의
가만히 있던 천장에 부딪치는
경우보다 더 큰 속력으로 튕겨 나온다.

다가오는 벽을 향해 원자가 충돌하니 당연한 결과다.

천장에 부딪치는 모든 원자들은
충돌 전 속력보다 증가된 속력으로 튕겨 나간다.

반대로 천장이 점차 위로 올라간다면 원자들이
후진하는 벽에 충돌하는 양상이기 때문에
튕겨 나올 때의 속력은 줄어든다.

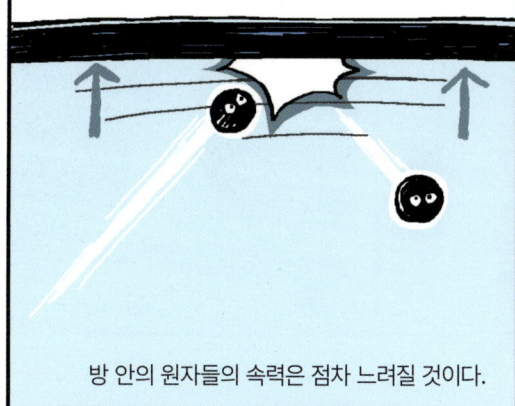

방 안의 원자들의 속력은 점차 느려질 것이다.

즉, 부피를 강제로 감소시키면,
기체의 온도는 올라가고

반대로 부피를 강제로
증가시키면, 기체의 온도는
점차 내려간다.

이처럼 원자의 속력 변화와 온도 변화는 결을 같이 한다.

이제 천장을 개방하고, 원자들을
풍선에 가두어 하늘 위로 띄워 보낸다.

풍선은 올라갈수록 팽창한다.
팽창하는 이유는 고도가 높을수록 대기압이 낮아지기 때문이다.

*맥스웰 속력 분포(Maxwell's velocity distribution) : 이상기체 안의 개별적인 입자가 어떻게 분포하는지를 나타내는 식이다. 고안한 것은 맥스웰이지만 볼츠만이 이어서 연구를 고도화시켜서 일반적으로 '맥스웰-볼츠만 분포'라고 불린다. 적당한 온도 범위에서 밀도가 낮은 기체 분자들은 맥스웰-볼츠만 분포에 가까운 속력 분포를 보인다.

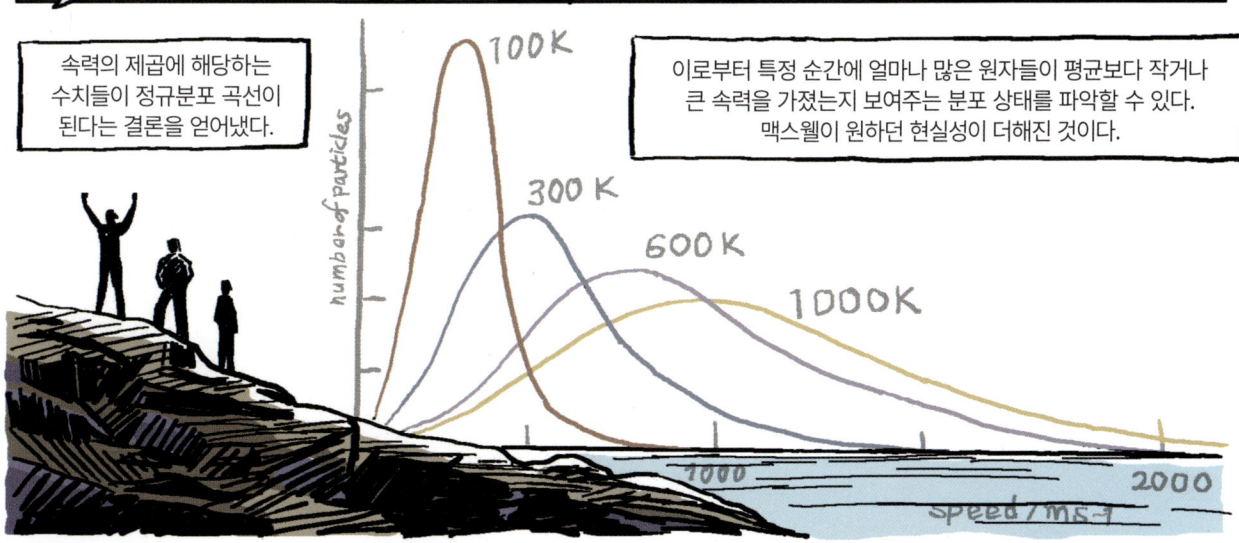

갑자기 N을 5라고 한다는 함성이 터져 나오고

이때 악마 같던 V는 사라지고

음악과 함께 괴물들은 어둠 속으로 사라진다네…

감사합니다.

맥스웰은 원자로 기체의 온도가 유도되는 것에 한껏 고무되었고, 온도 외에 기체의 다른 현상과 연결할 것이 더 없는지를 탐색했다.

다른 거 또 뭐가 없나?

맥스웰의 다음 먹잇감은 클라우지우스가 일찍이 예견한 평균자유행로였다.

평균자유행로는 분자 하나가 다른 분자와 충돌한 뒤 또다시 충돌하기까지 이동하는 평균 거리다.

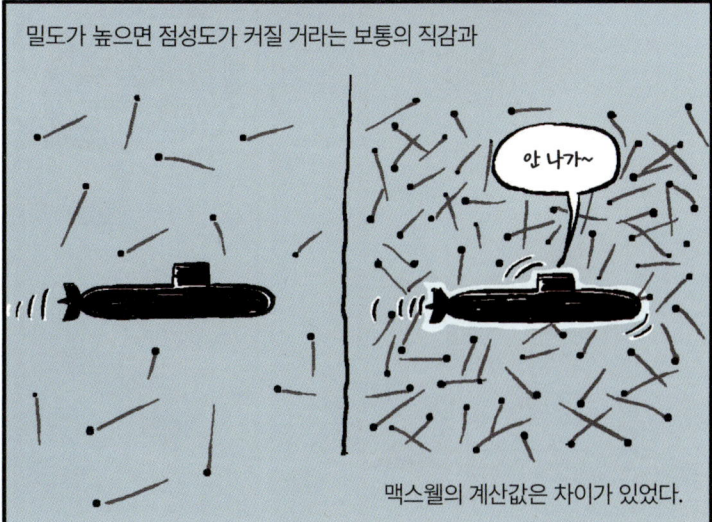

***점성도**(viscosity) : 유체가 흐를 때, 근처의 고체에 의해서나 유체 자체의 흐름을 방해하는 저항이 생기는데, 이러한 저항을 유발하는 유체의 성질을 말한다.

맥스웰과 볼츠만은 뛰어난 수학 실력과 통찰력으로 미친 듯이 나아갔다. 클라우지우스 역시 뛰어났지만 이들은 차원이 달랐다.

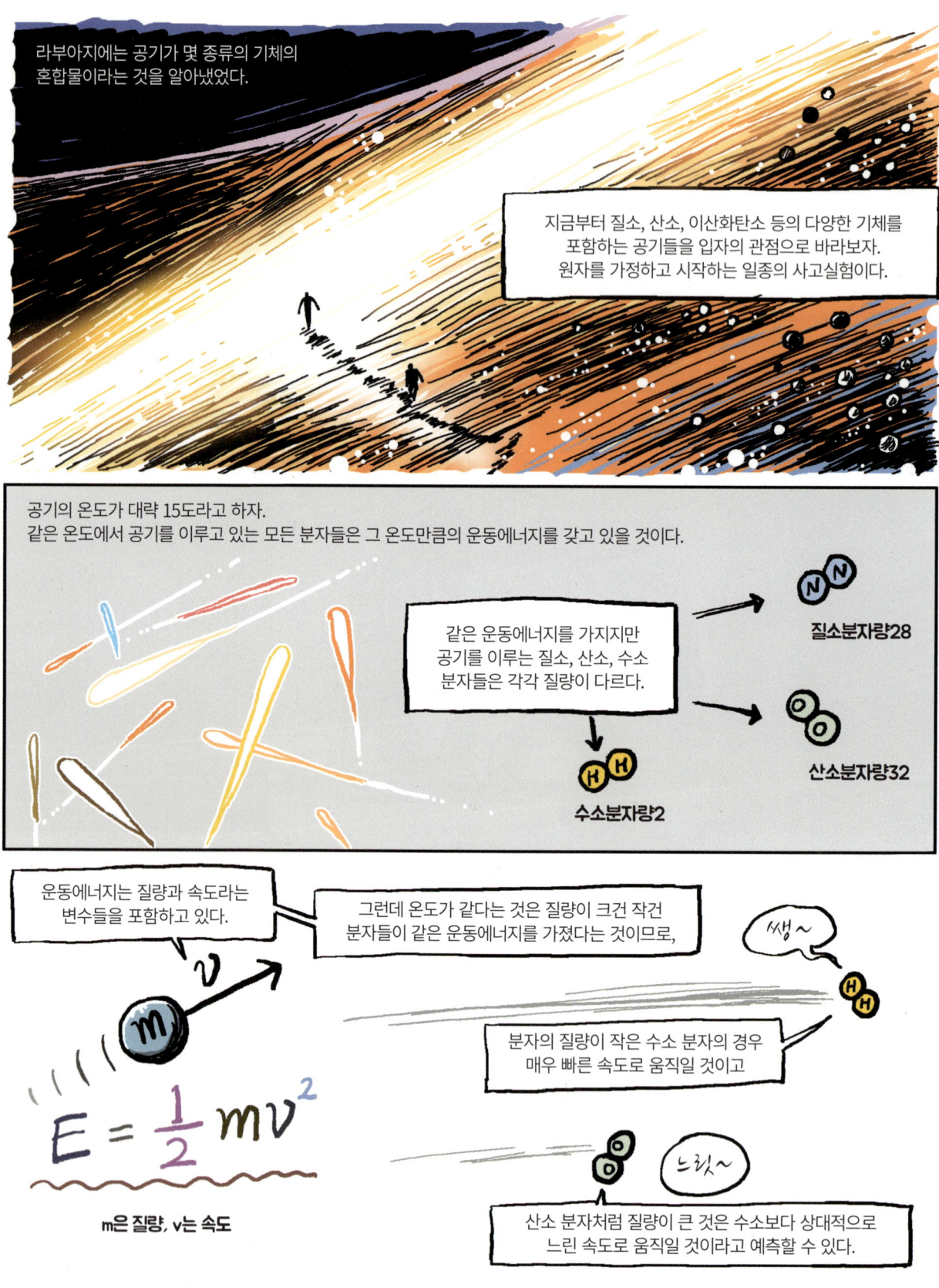

실제로 대기 중에 수소는 존재하지 않는데, 분자의 질량이 작은 수소는 움직이는 속도 또한 빨라서 태곳적에 일찌감치 지구 중력권을 탈출해 우주로 흩어졌을 것이다.

이들은 한껏 심호흡을 한다.

준비됐어, 볼츠만?

아보가드로 가설을 다시 만나볼 시간이기 때문이다.

으다다다다

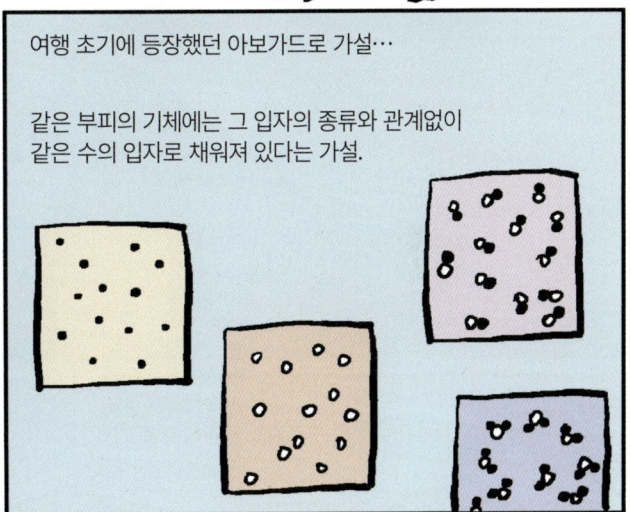

여행 초기에 등장했던 아보가드로 가설…

같은 부피의 기체에는 그 입자의 종류와 관계없이 같은 수의 입자로 채워져 있다는 가설.

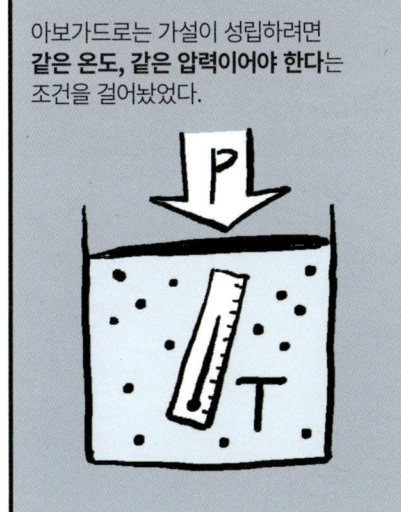

아보가드로는 가설이 성립하려면 **같은 온도, 같은 압력이어야 한다**는 조건을 걸어놓았었다.

아보가드로 가설은 입자를 전제하고 있다는 점도 급진적이었지만

그보다도, 왜 같은 부피 속에 같은 수의 입자가 있어야만 하는지를 도무지 납득하기 어려웠다.

왜? 도대체 왜?

그럼에도 불구하고 아보가드로 가설은 살아남아 그 후의 돌턴이 시작한 화학 원자론의 토대가 되었고,

각종 화학반응을 설명하는 이론적인 버팀목이 되었으며,

원자량을 정확히 하는 데 기여했고, 주기율표로 이어지는 거대한 이론의 초석이 되었다는 것을 알고 있다.

가장 밑바닥에 근거도 없는 아보가드로 가설이 자리 잡고 있었던 것이다.

두둥

만약에 '운동하는 입자'가 아보가드로 가설을 뒷받침할 수 있다면

두말할 필요도 없이 초유의 성과가 될 것이다.

시작한다. 여기에 수소, 산소가 있다. 이들을 같은 부피의 용기에 각각 가둘 것이다.

자… 집중~

다시 말하지만, 기체의 부피는 기체 입자가 차지하고 있는 부피가 아니다.

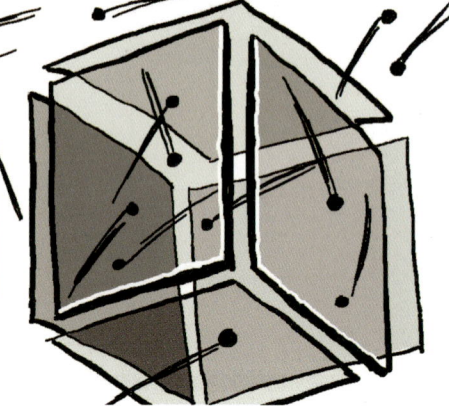

입자가 움직이고 있는 영역이 있고, 그 영역을 임의로 정해서 그 안에 기체 입자들을 외부와 가로막은 것을 부피라고 한다.

아보가드로 가설을 다시 복기하자. 모든 기체는 **같은 온도, 같은 압력, 같은 부피에서 동일한 수의 입자**를 가진다.

둘은 같은 온도다.

온도는 운동에너지다. 온도가 똑같다면 두 용기 속 입자 하나의 운동에너지도 같은 것이다.

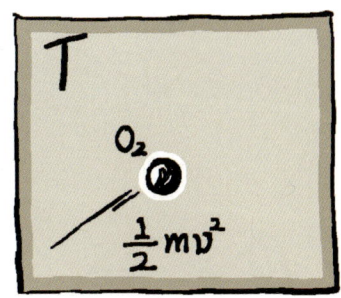

가벼운 수소 분자는 빠르게 움직인다. 빠르게 움직이면 내벽에 더 자주 부딪칠 수 있다. 무게는 가볍지만, 더 자주 충돌할 수 있으니 벽에 그만큼의 힘을 더 전달할 수 있다.

무거운 산소 분자는 느리게 움직인다. 수소보다 내벽에 충돌하는 횟수는 적지만, 무게 덕분에 적게 충돌해도 많은 힘을 전달한다.

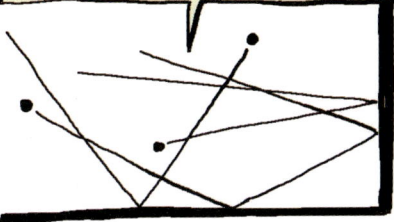

어쨌거나 온도가 같으므로 양쪽은 **동일한 운동에너지**를 가지고 있다.

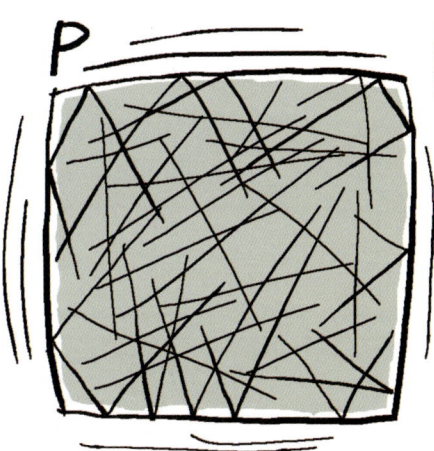

둘은 압력과 부피 역시 같다고 했다.

각 분자의 무게는 달라도 같은 부피 속에 같은 에너지로 움직이고 있기 때문에 결국 내벽에 전하는 힘의 총합, 압력이 같아진 것이다.

결론은?

분자 하나의 운동에너지가 같으면서 힘의 총합이 같으려면 필수 조건이 있다.

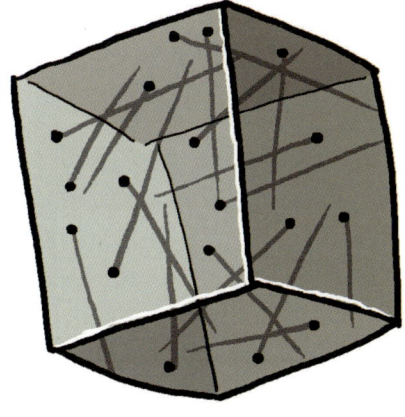

각 용기 속의 수소와 산소의 분자 수가 똑같아야만 둘의 온도와 압력도 같아진다.

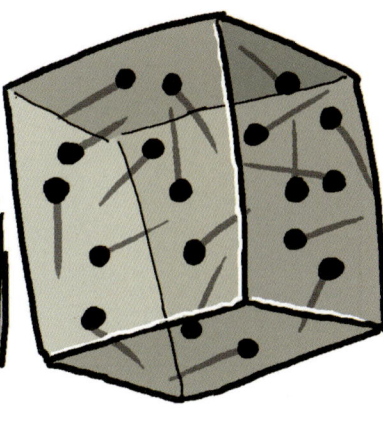

같은 부피에 같은 수의 입자가 있다는 아보가드로 가설을 도무지 이해하기 어려웠던 이유는 기체의 부피가 우리가 일상적으로 인식하는 부피와 다르다는 점에 있다.

기체의 부피는 입자의 부피와 관계가 없으며, **단지 기체 입자들이 운동하는 공간의 부피**일 뿐이다. 기체 입자가 차지하는 부피는 전체 부피에서 무시해도 좋을 정도로 작다.

자~ 여기에서 아보가드로 가설의 조건, 온도가 동일하다는 것은 입자의 질량과 무관하게 운동에너지가 같다는 것이고, **벽에 가하는 힘이 같다**는 의미다.

질량이 큰 입자가 벽에 한 번 부딪힐 때 큰 힘을 가할 테지만,

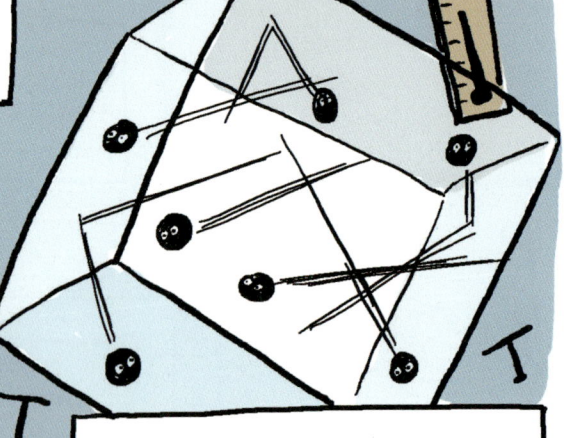
질량이 작은 입자는 여러 번 부딪힘으로써 평균적으로 같은 힘을 가할 것이다.

그런데 압력 또한 동일하다고 했으니, **동일한 크기의 막힌 공간에는 같은 수의 입자가 존재할 수밖에 없다**는 결론에 도달한다.

내가 그랬잖아!

같은 온도, 같은 압력에서는 같은 부피 안에는 입자의 질량과 상관없이 같은 수의 입자가 존재한다는 아보가드로 가설은 논리적으로 옳다.

ATOM EXPRESS

CHAPTER 09

원자의 화신

볼츠만, 엔트로피의 길을 따라 원자로 돌아오다

모든 가설은 역학적으로 잘 정의된 가정으로부터 시작해서, 올바른 수학적 증명을 통해
명백한 결과로 이어져야만 한다. 만약 결과가 충분히 많은 사실들과 부합되면 그런 사실들의 진정한 본질이
모든 면에서 분명하게 밝혀지지 않는다고 하더라도 만족해야만 한다.
— 루트비히 볼츠만

많은 과학자들이 원자를 떠났다. 그러나 단 한 사람이 광기에 가까운 집착으로 원자를 거머쥐고 앞으로 묵묵히 발걸음을 옮겼다. 아무도 갈 엄두를 못 냈던 미지의 세계까지 나아가자, 그곳에는 물질도, 원자도 없었다. 원자로부터 출발한 길고 긴 여행 끝에서 그를 둘러싼 것은 찬란하게 빛나는 숫자였다.

어느 정도인지는 몰라도 극도로 작은 원자들

단 1그램 안에도 어마어마한 개수로 있을 원자들

무질서한 운동을 하는 원자들

절레절레

이 문제를 꼭 풀어야 해?

물리학자들이 어디서부터 문제를 풀어야 할지 막막함을 느끼기에 충분했다.

보통의 물리학자들에게 불가능해 보이는 문제 풀이를 맥스웰과 볼츠만은 과감하게 근사치를 쓰고, 확률을 이용함으로써 돌파했다.

기존의 물리학 방식에 얽매이지 않았고, 실용성이 있다면 무엇이든 쓰는 유연함, 거기에다 특출한 수학 실력까지 가지고 있었다.

닥치고 뭐든 써.

당연하지!

이처럼 맥스웰과 볼츠만은 서로 닮은 면이 많았지만

차이점도 명확했다.

맥스웰은 논리를 치밀하게 한 후에 시행착오 없이 단번에 해결하는 스타일이었고 완성된 수식은 아름다웠다.

과학에서 무엇이 아름답고 무엇이 흉한지를 따질 수 있냐고 묻겠지만 많은 과학자들이 미술품이나 음악처럼 과학의 아름다움을 구별할 수 있다고 말한다.

진짜 그렇다니까.

맥스웰과 달리, 볼츠만은 목적지가 확실하다면 일단 저돌적으로 부딪치며 해결법을 그때그때 찾는 스타일이었다.

시간만 있다면 무엇이든 풀 수 있다는 끈기와 배짱을 가진 사람이었다.

맥스웰은 전설적인 축구 스타 *지단을 떠오르게 한다.

군더더기 없이 아름답다!

한편 볼츠만은 **판 니스텔로이라는 축구 선수와 비슷하다.

다리, 머리, 엉덩이 무엇이든 써서 우격다짐으로 반드시 골을 넣고야 만다!

맥스웰에게 기체의 운동이 탐구하기에 지나치게 복잡하고, 그의 심미안으로 봤을 때 지저분해 보였을 수도 있다.

볼츠만은 열역학 분야에 홀로 남아 자신의 길을 묵묵히 간다.

물론 이 분야를 떠난 가장 큰 이유는 그에게 더욱 매력적으로 보였던 다른 것이 있어서다. 전기와 자기⋯

볼츠만은 열역학이 거의 완성되기는커녕, 중요한 문제 한 가지를 그대로 방치하고 있다고 생각했다.

---

*지네딘 지단(Zinedine Zidane, 1972~) : 프랑스 축구를 대표하는 선수이자 축구 역사상 최고의 플레이 메이커. 지단의 플레이를 가리켜 '한 편의 수채화를 그려나가는 듯하다', '오케스트라를 지휘하는 마에스트로'라고 한다. **뤼트 판 니스텔로이(Ruud van Nistelrooy, 1976~) : 네덜란드의 축구 선수로 맨체스터 유나이티드의 2000년대 초반 최고의 골잡이이자 최전방 공격수의 교과서로 통한다. 큰 키와 강력한 몸싸움으로 유명하다.

열이 한쪽으로 흐르는 문제 말이다.

뜨거운 물과 차가운 물을 닿게 해두면 처음에 뜨거웠던 물은 점차 식어서 미지근해지고, 차가웠던 물은 점차 따뜻해지며

시간이 흐르면 둘은 중간 정도의 온도로 같아진다.

열이 뜨거운 물에서 차가운 물로 이동했다고 할 수 있다.

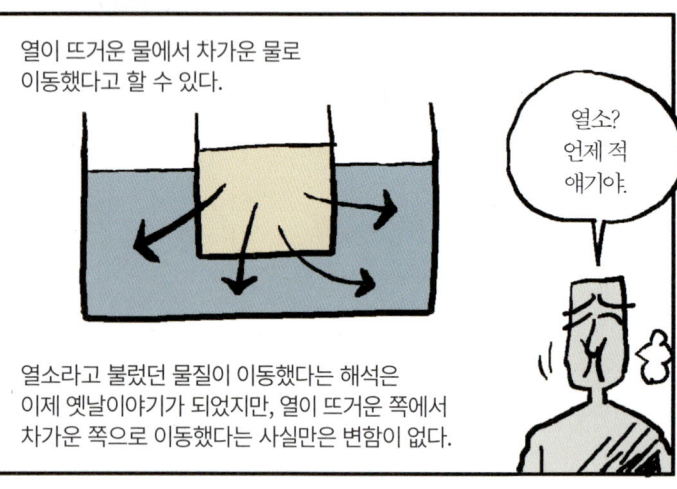

열소? 언제 적 얘기야.

열소라고 불렀던 물질이 이동했다는 해석은 이제 옛날이야기가 되었지만, 열이 뜨거운 쪽에서 차가운 쪽으로 이동했다는 사실만은 변함이 없다.

반대로, 찬물의 열이 뜨거운 물로 이동해 찬물은 더욱 차가워지고 뜨거운 물은 더 뜨거워지는 상황은 벌어지지 않는다.

만일 이것이 가능하다면 차가운 바닷물이 가진 열을 뽑아내서 열기관을 돌리는, 즉 연료 걱정 없이 무한히 항해하는 배가 만들어졌을 것이다.

전세계인은 바닷물이 점차 냉각되는 자연재해를 걱정하고 있을 테고… 물론 이런 배는 존재하지 않는다.

이처럼 열은 자연적으로 항상 온도가 높은 곳에서 낮은 곳으로 향하는 방향성을 가진다.

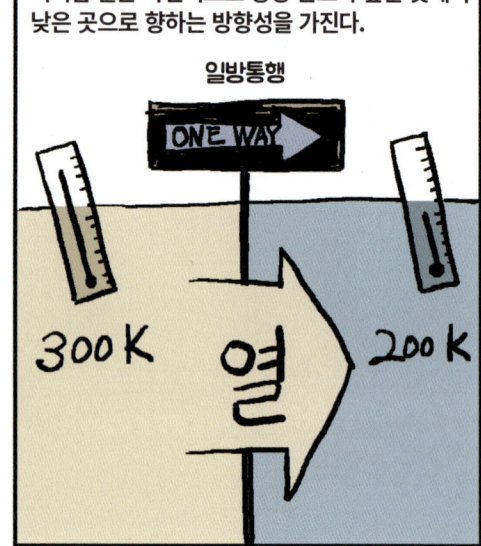

열과 관련한 방향성은 또 다른 것에서도 발견된다. 운동에너지와 열에너지 사이의 특이적인 방향성이 그것이다.

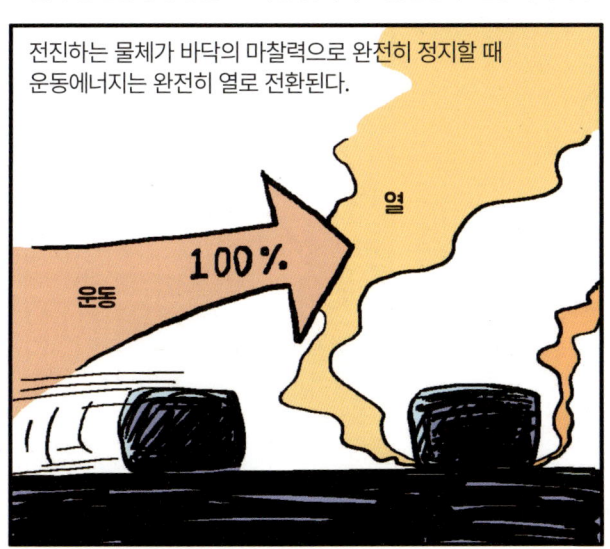

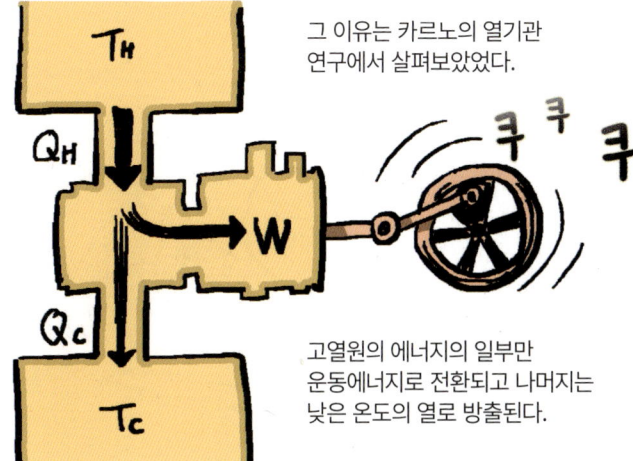

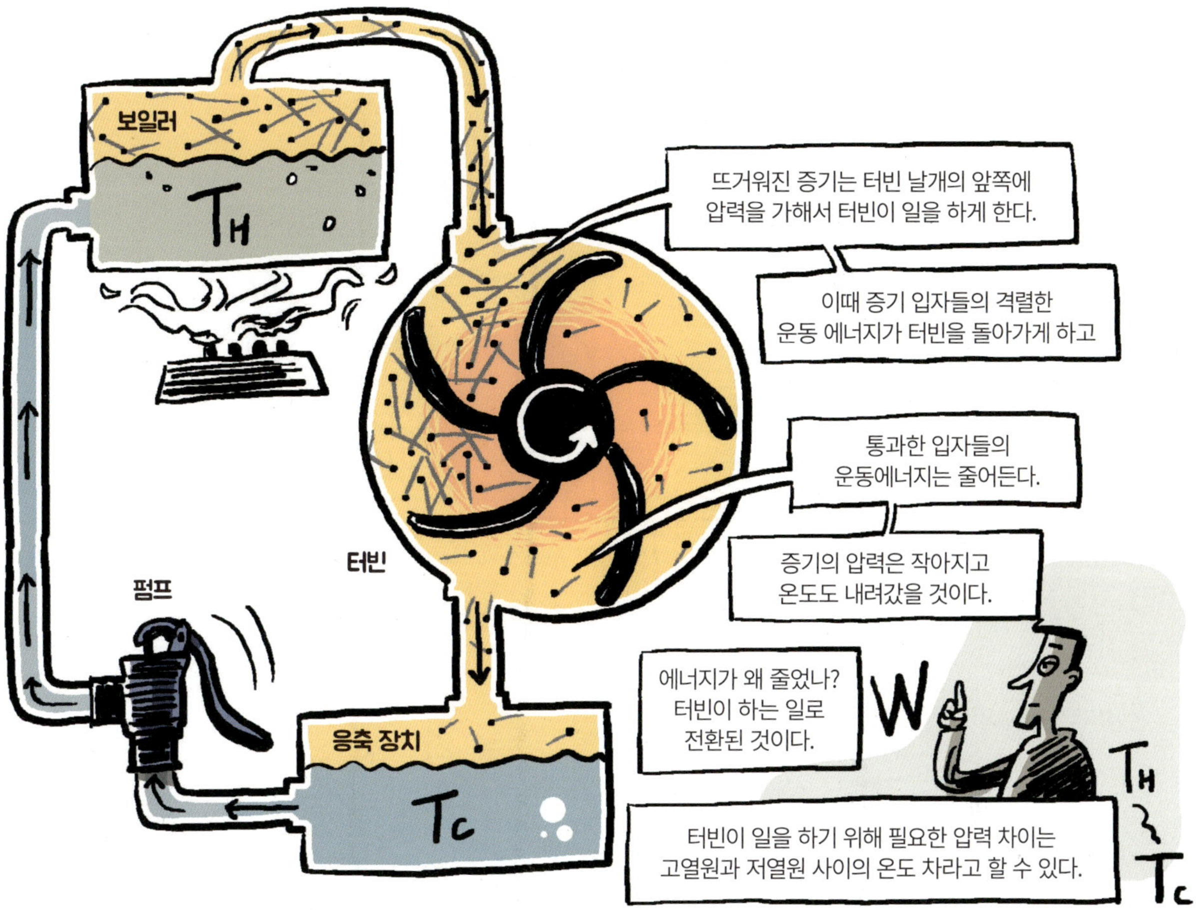

보일러

T_H

뜨거워진 증기는 터빈 날개의 앞쪽에 압력을 가해서 터빈이 일을 하게 한다.

이때 증기 입자들의 격렬한 운동 에너지가 터빈을 돌아가게 하고

통과한 입자들의 운동에너지는 줄어든다.

증기의 압력은 작아지고 온도도 내려갔을 것이다.

에너지가 왜 줄었나? 터빈이 하는 일로 전환된 것이다.

펌프

터빈

응축 장치

T_C

터빈이 일을 하기 위해 필요한 압력 차이는 고열원과 저열원 사이의 온도 차라고 할 수 있다.

W

$T_H > T_C$

카르노조차 당혹스러워했던 부분이다.

헐, 이게 다야…?

열기관에서 증기가 아닌 다른 물질을 쓰는 것도 문제가 아니고,

열기관의 기계적 디자인을 어떻게 하는지도 본질적인 것이 아니었다.

기계적 마찰이 전혀 없다고 가정했을 때 열기관의 효율을 높이는 방법은 온도를 가능한 최대로 높여서 고열원과 저열원의 온도 차이를 벌려놓는 것이 유일하다는 뜻이었다. 그리고 **저열원에서 고열원으로 열이 자발적으로 이동하는 것은 애시당초 불가능**하다는 뜻이기도 했다.

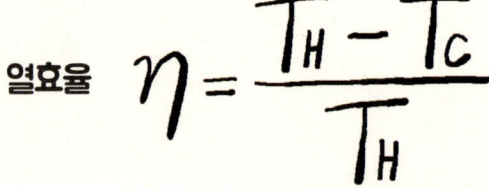

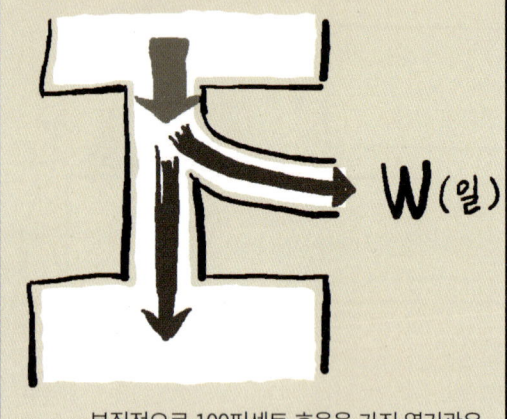

* 엔트로피(entropy): 열이 높은 온도에서 낮은 온도로 흘러가는 것을 설명하기 위해 클라우지우스가 제안한 새로운 물리량. 열역학 제2법칙은 엔트로피 증가의 법칙이다.

엔트로피(S)는 열량(Q)을 온도(T)로 나눈 양으로 정의한다.

고온의 열이 저온으로 흘러간다. 이 컵 두 개는 외부와 완전히 차단되어 있다고 가정하자. 내부에너지가 일정한 상태가 된다.

뜨거운 물은 미지근해지면서 온도가 작아지므로 이 때의 엔트로피는 증가했다고 말할 수 있다. 그리고…

내 말이!

지금 무슨 말을 하고 있나 싶을 텐데…

고온에서 저온으로 열이 흐르고, 열에너지가 역학적 에너지로 100퍼센트 바뀌지 않는 현상을 엔트로피라는 물리량을 이용해서 설명하려는 것이다.

하………

뭔 소리야…

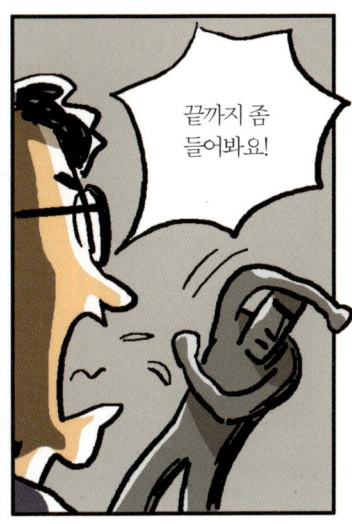

끝까지 좀 들어봐요!

괴로운 거 잘 안다… 다시 처음부터 시작해보자.

고온의 열이 저온으로 흘러간다. 시간이 충분히 흐르면 온도 변화 없는 평형 상태가 된다.

온도는 떨어졌으므로 이 과정에서 엔트로피 수치는 증가했다.

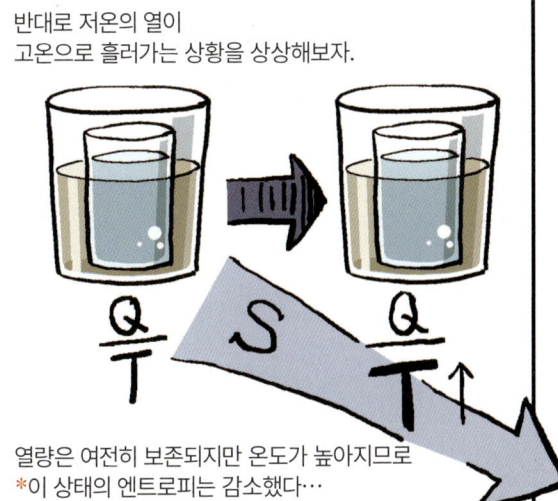

반대로 저온의 열이 고온으로 흘러가는 상황을 상상해보자.

열량은 여전히 보존되지만 온도가 높아지므로 *이 상태의 엔트로피는 감소했다…

*저온(온도 t)에서 고온(온도 T)으로 열이 이동하지 못하는 이유를 식으로 풀면 다음과 같다. 저온 물에서 고온 물로 이동한 열을 Q라고 하면 저온 물의 엔트로피 변화량: -Q/t(열이 나갔으므로), 고온 물의 엔트로피 변화량: +Q/T(열이 들어왔으므로), 전체 엔트로피 변화: -Q/t+Q/T=Q(1/T-1/t)<0 (왜냐하면 t<T). 이런 이유로 저온(t)에서 고온(T)으로 열이 이동하지 못한다.

이번에는 역학적인 일이 열로 전환되는 상황을 보자.

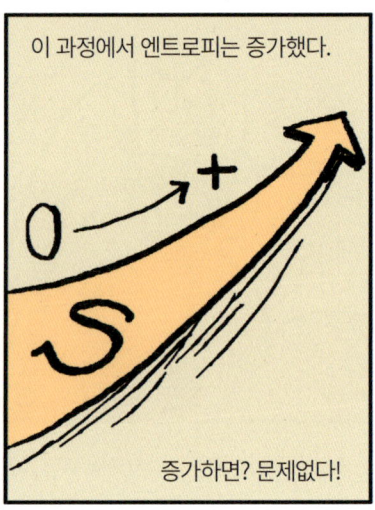

반대로 열이 역학적인 일로 전환되는 상황은?

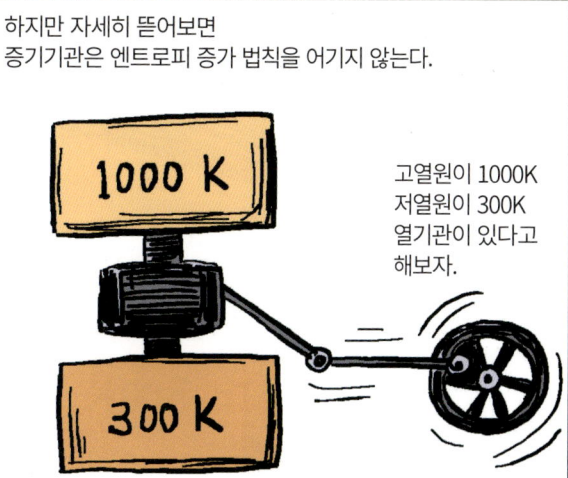

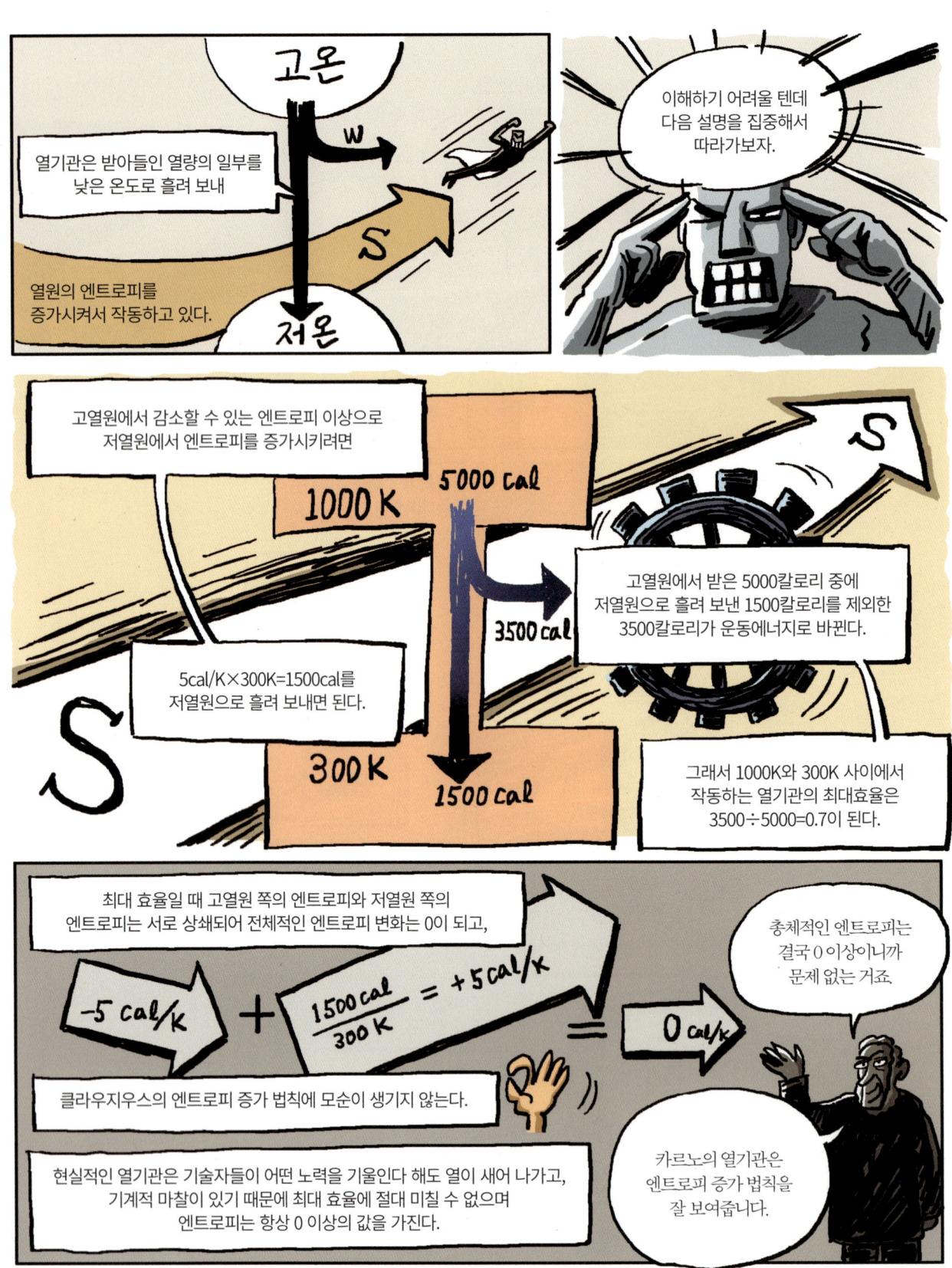

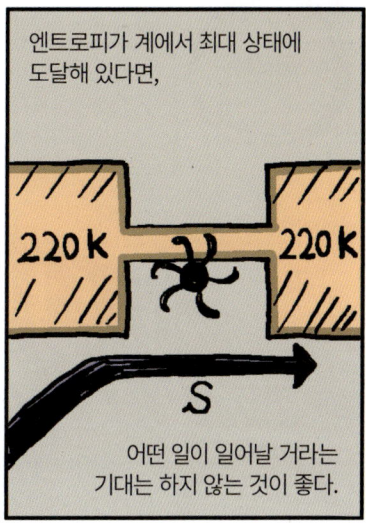

***열역학 제2법칙**(The second law of thermodynamics) : 열역학 법칙은 제1법칙(고립계에서 에너지는 항상 보존된다)과 더불어 제2법칙(엔트로피는 항상 증가한다)으로 구성된다. 제2법칙은 열이 온도가 높은 물체에서 온도가 낮은 물체로 이동하는 것을 포함하여 자연에서 일어나는 모든 자발적인 과정의 이유가 된다.

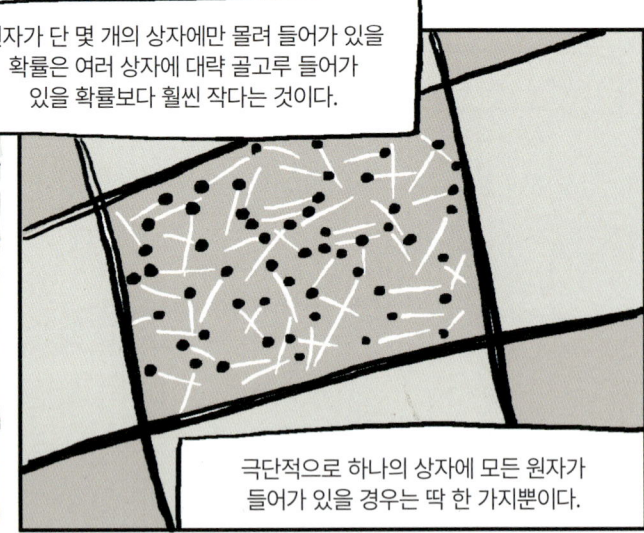

*S=klogW

S=엔트로피, W=계의 거시적인 상태에 상응하는 미시 상태의 수, k는 상수다.

볼츠만은 분자들의 배열에 대한 수를 미시 상태의 수로 놓았을 때(식에서 W) 계의 엔트로피(S)와 그 수 사이에 수학적 관계가 있음을 보여준 것이다.

볼츠만은 클라우지우스의 열역학적인 엔트로피S는 자신의 엔트로피S와 동일하다는 것도 알게 된다. 볼츠만의 엔트로피S가 보다 포괄적이라는 것도 분명했다.

엔트로피는 확률이다.

원자들이 분포하는 방법의 수가 많을수록 엔트로피는 커진다.

클라우지우스 선생님!

이크

후하후하

*S=klogW : S는 엔트로피, k는 상수, W는 계의 거시적인 상태에 상응하는 가능한 미시 상태의 경우의 수. 어떤 거시적 상태에 도달할 수 있는 경우의 수가 많을수록 확률은 높아진다. 즉 볼츠만의 엔트로피 정의는 엔트로피(S)가 확률의 로그(log)에 비례한다는 것을 뜻한다. 엔트로피는 확률과 직접적인 연관이 있다.

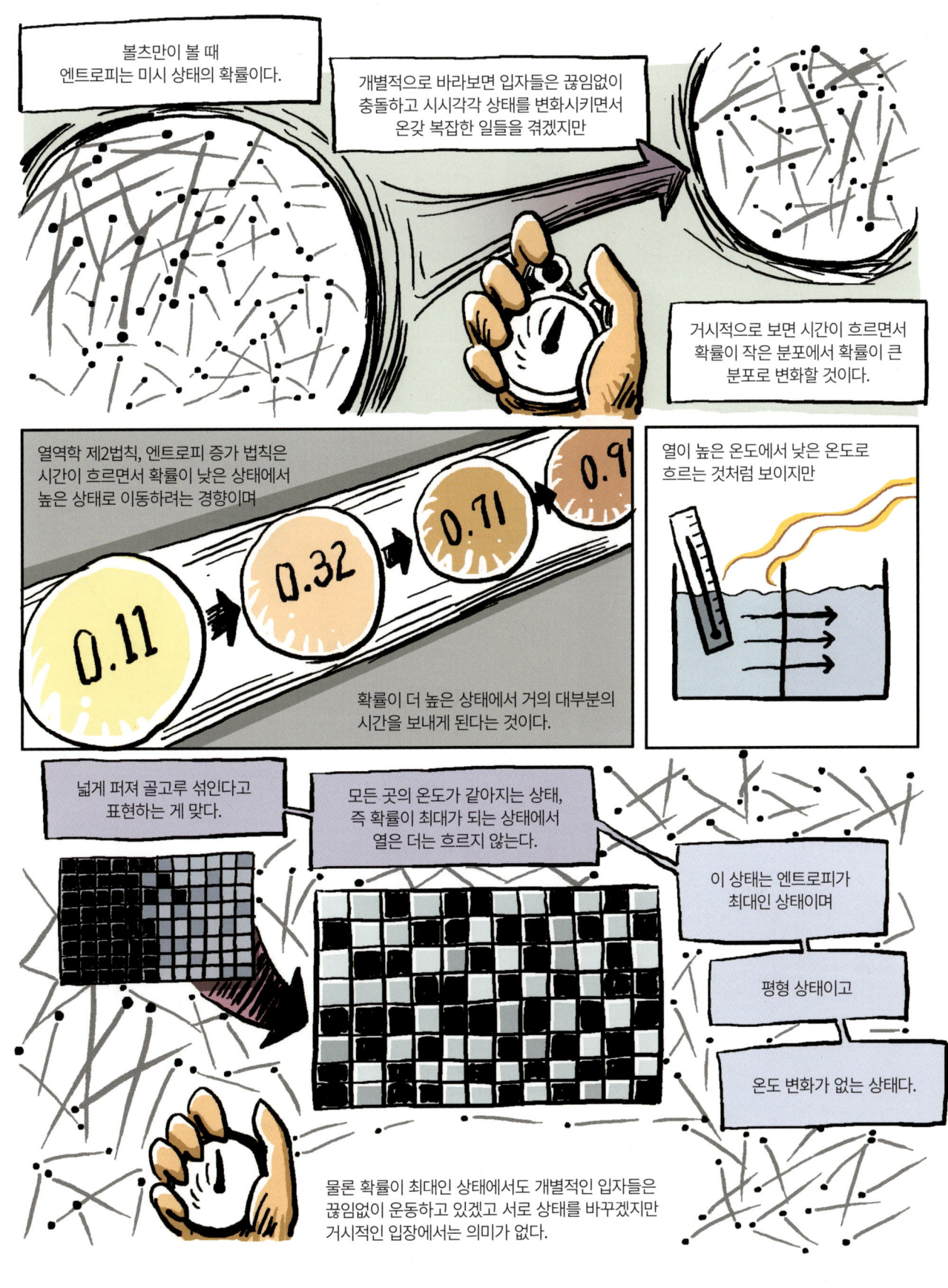

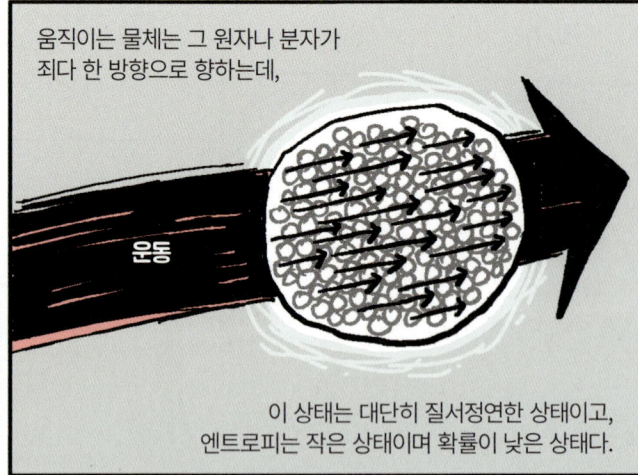

엔트로피 법칙은 시간에 따라 확률이 높은 쪽으로 변화하는 현상이다.

*__볼츠만의 H 정리__(H theorem, 1872) : H는 원자의 에너지 분포를 나타내며, 열평형 상태, 즉 맥스웰-볼츠만 분포의 경우에 H가 최솟값을 갖는다는 사실을 증명한다. 당시 다른 과학자들은 열역학 법칙에 확률을 도입하여 설명하는 것이 잘못되었다는 냉담한 반응을 보였다.

물리학은 엄밀함과 확실성을 기반으로 했었다.

그런데 볼츠만이 새로이 정의한 열역학 제2법칙은 여러모로 그전에 듣도 보도 못한 **경향성**이라는 요소를 물리학에 들여놓았다.

원자는 볼 수 없지만 이 정도면 원자가 존재한다는 증거들이 넘친다.

자연의 많은 현상들은 원자로 설명할 수 있다.

ATOM EXPRESS

CHAPTER 10

원자의 해변에서
아보가드로수로 향하는 발걸음

이론이 우리의 관찰과 부합하는 결과를 예측할 때 우리는 어떤 결론을 내리는가?
이론이 검증되었다는 결론? 그렇지 않다. 단지 아직 그것이 논박되지 않았음을 알 뿐이다.
— 찰스 다윈

세상 만물을 이루는 다양한 물질, 그리고 물질이 만드는 대부분의 자연 현상. 이 모든 것을 원자의 운동으로 설명할 수 있다. 완벽하게 잘 들어맞는다. 무슨 증거가 더 필요하단 말인가. 이 정도면 원자는 있는 것이다. 제발… 있는 것이다… 있는 것인가?

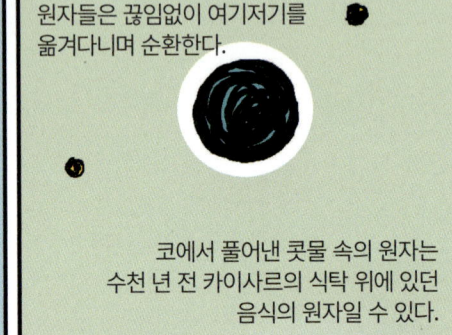

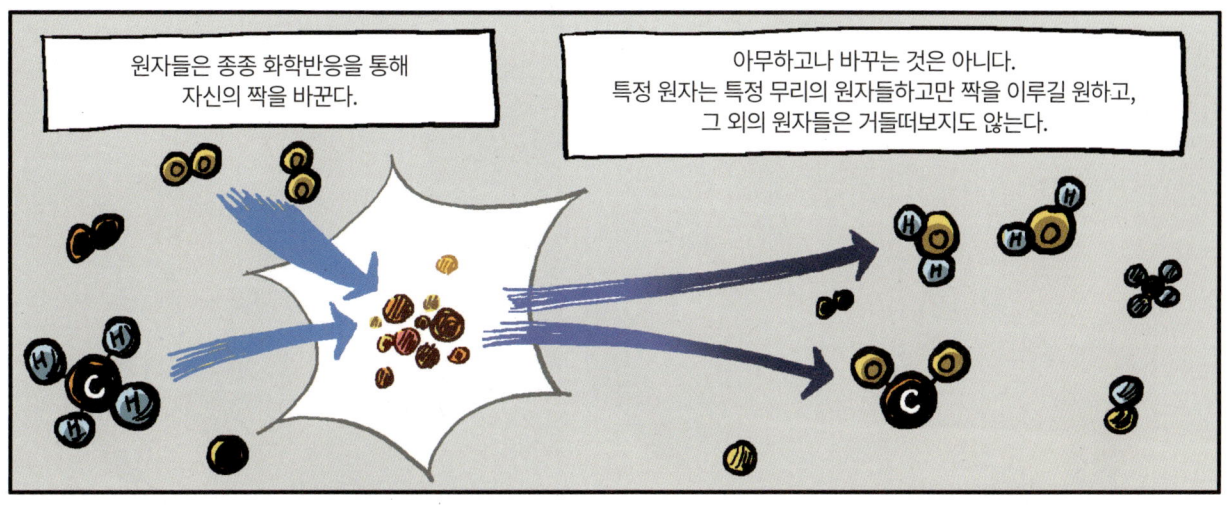

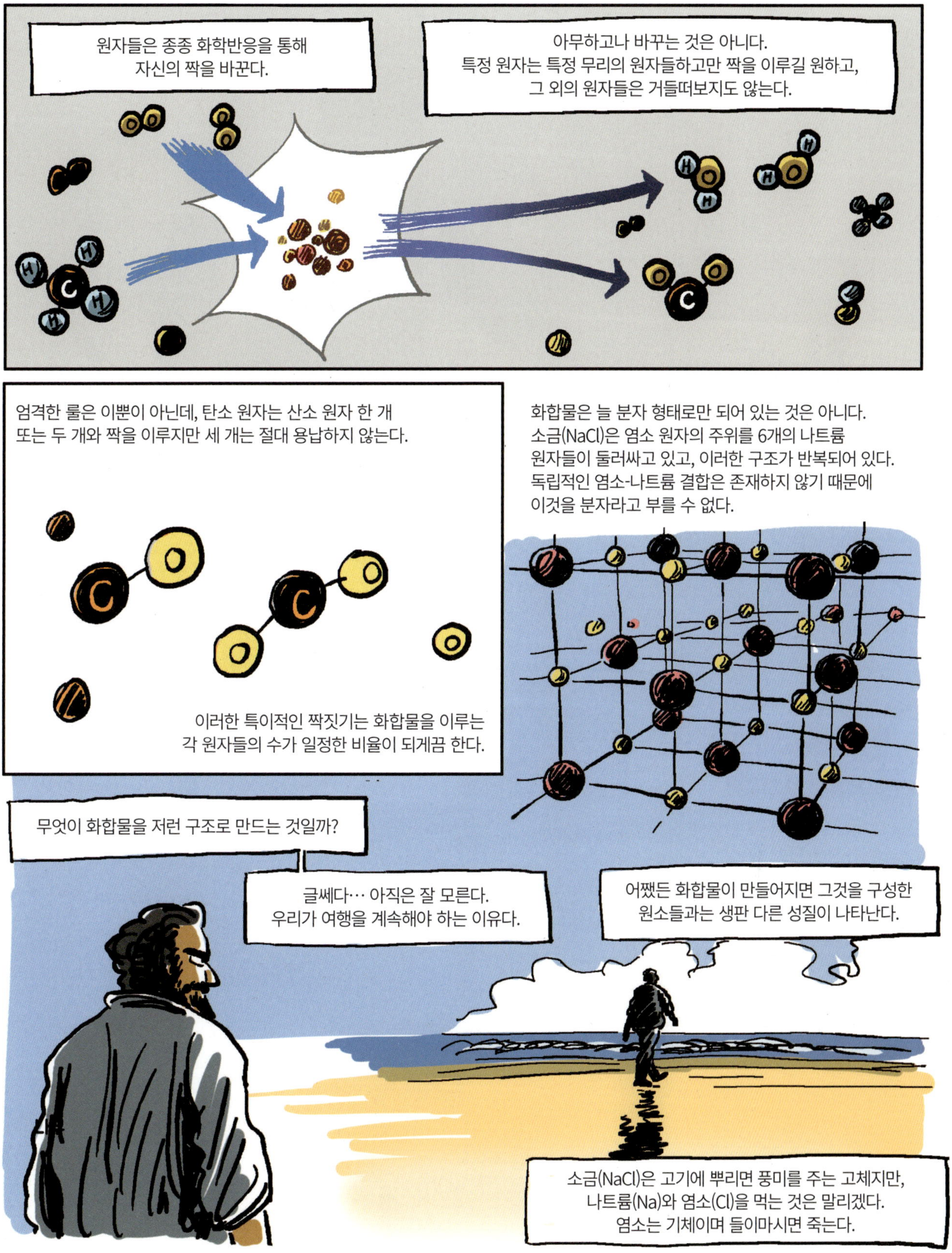

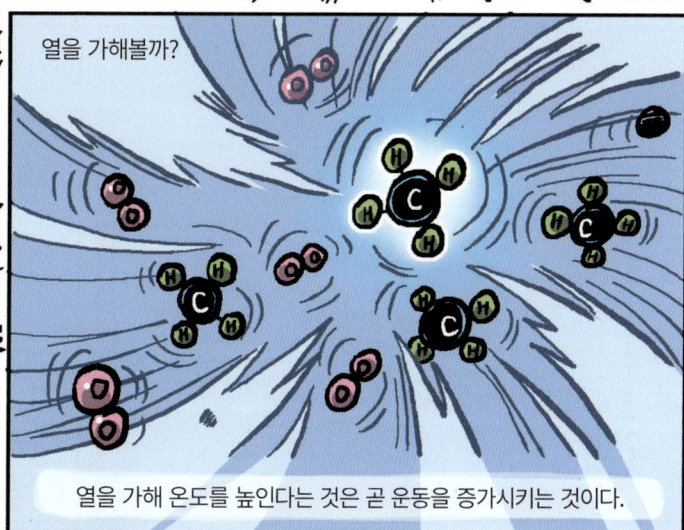
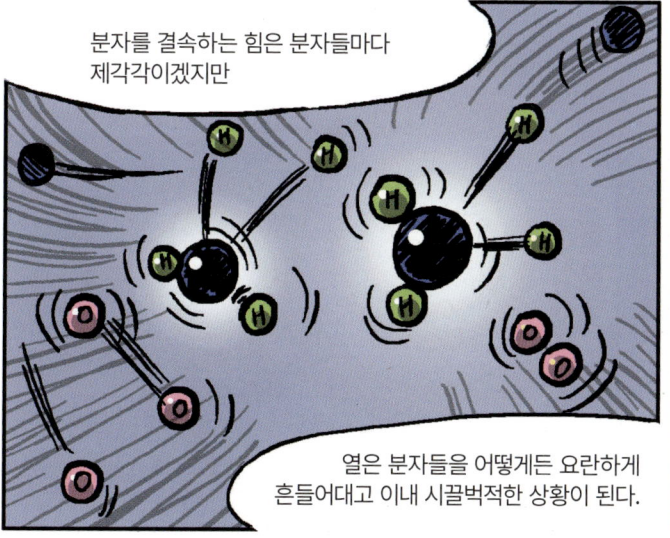
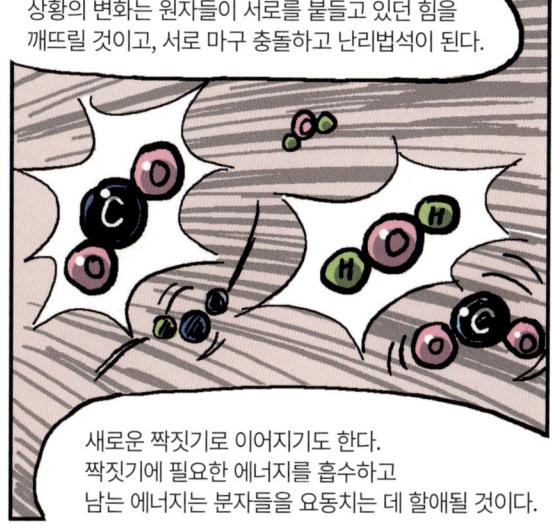

이러한 과정이 격렬하다면 빛나거나 폭발이 일어나기도 하고

다소 무던해서 티가 나지 않을 수도 있다. 철이 녹스는 경우처럼…

화학반응은 이처럼 원자의 운동으로 우아하게 표현할 수 있다.

높은 온도에서 낮은 온도로 열이 흐르는 이유도 원자가 운동하고 있다는 가정만 알면 이해할 수 있다.

30도의 클립을 10도의 물에 넣으면, 열은 클립에서 물로 흐른다.

이것은 확률의 문제다.

섞이고 섞여서 더 섞일 수 없는 상태, 즉 확률이 최대가 되는 상태에서는 더 이상 변화가 없고, 거시적인 현상, 즉 열이 흐르는 일은 멈추게 된다.

사실, 열은 흐르는 게 아니라 고루 퍼진다고 표현하는 게 더 정확하다.

주어진 확률이 최대가 되는 상태와 모든 부분의 온도가 같아지는 것은

동일한 상태라고 할 수 있다.

우주는 차이를 지독하게 싫어하나 보다.

네 이놈들, 거기에 왜 따로 있어!

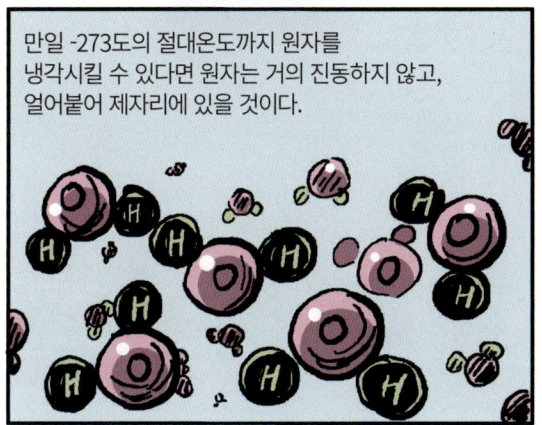
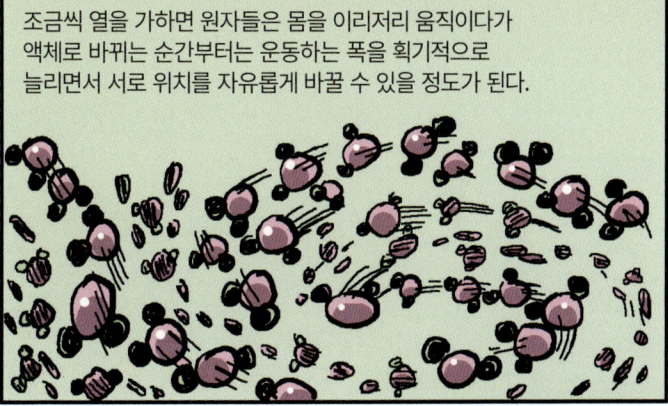

맥주병 표면에 물방울이 맺혀 있다.

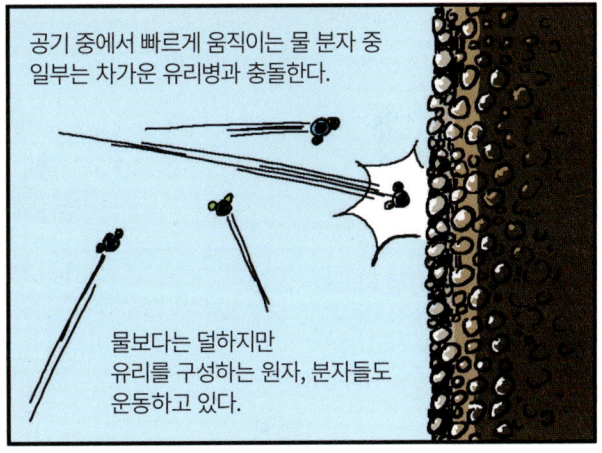

공기 중에서 빠르게 움직이는 물 분자 중 일부는 차가운 유리병과 충돌한다.

물보다는 덜하지만 유리를 구성하는 원자, 분자들도 운동하고 있다.

운동에너지를 상당히 잃은 물 분자는 속도가 느려져, 같은 처지에 놓인 느린 분자들과 서로 엉겨 붙어 급기야 물방울로 맺힌다.

병을 이루는 원자들은 물방울들이 생기기 전보다 빠르게 진동하고 유리병의 온도는 올라간다.

상승하는 공기는 고도가 높아질수록 대기압이 떨어지면서 팽창한다.

그리고 상승한다.

주변보다 상대적으로 낮은 압력을 향해 공기가 몰려온다.

팽창하는 공기는 외부에 일을 해주고, 일을 해준 만큼 물 분자들은 에너지를 잃고, 속력이 느려진다.

공기의 온도는 떨어지는 것으로 나타날 것이다.

속력이 느려진 물 분자들의 수가 많아지고 느려진 물 분자들이 서로 충돌한 후 튀어나가기보다 서로 달라붙는 경우도 많아진다.

달라붙는 물 분자들은 서로 튕겨나가는 힘보다 물 분자들 사이의 인력을 이기지 못했기 때문이다. 물 분자들은 눈덩이처럼 점점 불어나 물방울이 되고, 비가 되어 땅으로 떨어진다.

*에른스트 마흐(Ernst Mach, 1838~1916) : 물리학, 생리학, 음악론, 과학사, 철학 등 다방면에서 업적을 남긴 오스트리아의 과학자. 뉴턴 역학을 비판한 그의 저서는 아인슈타인의 상대성이론 연구에 긍정적 영향을 끼쳤으며, 볼츠만의 원자론을 혹독하게 비판했다.

과학은 실제의 세상을 알고자 하는 것이고, 과학자가 의지해야 할 것은 관측… 관측뿐이오.

화학반응에서 나오는 정량적인 결과들은 누구나 동의하는 객관적인 사실이지. 기체를 측정해서 나오는 압력, 온도 수치 역시 분명한 사실이고, 이것을 가지고 연구하면 되는 것이오.

그런데 굳이 왜?

화학반응이나 기체의 성질을 도무지 파악이 불가능한 원자라는 것을 임의로 설정하여 설명하려는 거요?

맥스웰, 볼츠만 댁들은 이것이 재미있을지 몰라도 과학적으로는 의미 없는 노력일 뿐이오.

마흐 선생, 미지의 세계에 들어가려면 불확실하더라도 어딘가에 발을 디뎌야 하는 겁니다.

먼저 상상을 할 수밖에요. 그렇게 시작하는 겁니다.

그 후에 애초의 상상이 맞는 것인지 혹독하게 검증해야겠지요.

나는 그런 방식이 틀렸다고 말하고 있는 거요.

*마흐는 원자가 지식 체계 속에 존재하는 요소일 뿐이라는 것을 강조하고 있다. 논리적으로 봤을 때, 현재까지 원자 이론을 반증하지 못하였을지라도, 원자 이론이 궁극적인 진리가 된다는 것은 참이 아니며, 원자 역시 실체는 아닌 것이다.

ATOM
EXPRESS

CHAPTER
11

마침내 원자를 보았다
아인슈타인의 전보

이것은 우연이 아니다. 우리는 분자의 존재를 생생히 볼 수 있게 되었다.
브라운운동은 분자의 운동이라고 하는 것이 옳다.
– 장 페랭

원자의 존재를 간절히 바라며 그토록 오랫동안 찾아 헤맸지만 결국 실패했다. 어쩌면 원래부터 불가능한 도전이었는지도 모른다. 원자를 무슨 수로 측정한단 말인가… 그런데 모든 원자론자들이 길을 잃은 순간, 기적 같은 일이 벌어진다.

여행 내내 아보가드로 가설을 여러 번 마주했었다. 화학에서의 원자량 확립은 아보가드로 가설을 기초로 했었고, 기체운동론에서는 운동하는 원자로부터 아보가드로 가설이 유도되는 것을 보았다.

그리고… 아보가드로수!

아보가드로수 N_A는 물질 1몰에 존재하는 원자나 분자의 개수를 나타낸다.
여기서 몰(mole)은 원자나 분자들의 양을 나타내는 단위로, 1몰의 질량은 원자량 또는 분자량에 그램(g)을 붙인 것이다.

수소(H_2, 분자량 2) 1몰은 2그램이 된다.

산소(O_2, 분자량 32) 1몰은 32그램이다.

O_2 분자로 된 기체

H_2 분자로 이루어진 기체라는 것에 주의하자.

아보가드로수를 밝힌다는 것은 산소, 수소, 그 외의 물질들 1몰이 포함하는 입자의 개수를 알아낸다는 것이다.

원자나 분자의 종류와 상관없이 같은 개수여야 하므로 아보가드로수는 일정한 값을 가지는 상수라고 할 수 있다.

지금까지 화학에서 원자는 화학 체계를 위한 유용한 도구 정도로 여겨졌으며,

기체운동론에조차 원자에 대한 구체적인 내용은 없었다. 원자가 무척 작아서 그 수가 충분히 많다면 구체적인 크기나 개수와 상관없이 같은 수치의 기체의 압력, 온도로 계산되었다.

아직 원자의 질량이나 크기가 모호하다는 사실은 원자론자들의 치명적인 약점이었다.

그러나 아보가드로수를 알게 되면 대반전이 일어난다.

아보가드로수는 원자론자들이 그토록 염원하던 원자의 실체성을 증명하는 승리의 트로피와 다를 바 없다.

미지의 세계로 안내하는 것은 머리에서 나오는 상상력뿐만 아니라 손으로 만든 도구이기도 하다. 미지를 탐구할 때 빼놓을 수 없는 도구가 현미경이다.

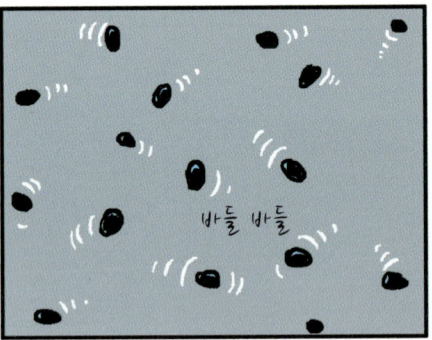

식물학자 로버트 브라운은 현미경을 통해 꽃가루를 관찰하다가 수면 위에서 작은 꽃가루가 끊임없이 요동치는 것을 보았다.

아무리 보아도 꽃가루 표면에 섬모나 편모 같은 움직임의 동력원은 존재하지 않는데, 스스로 이리저리 움직이면서 요동친다.

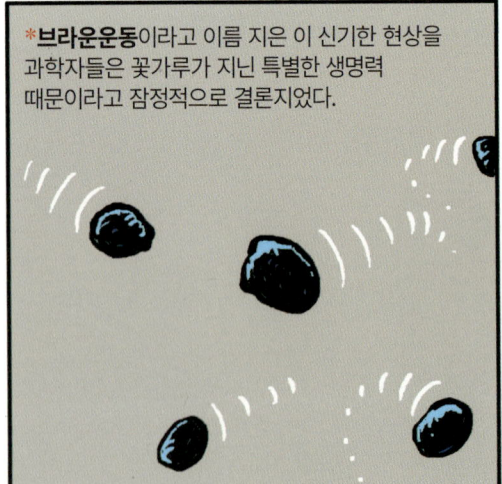

***브라운운동**이라고 이름 지은 이 신기한 현상을 과학자들은 꽃가루가 지닌 특별한 생명력 때문이라고 잠정적으로 결론지었다.

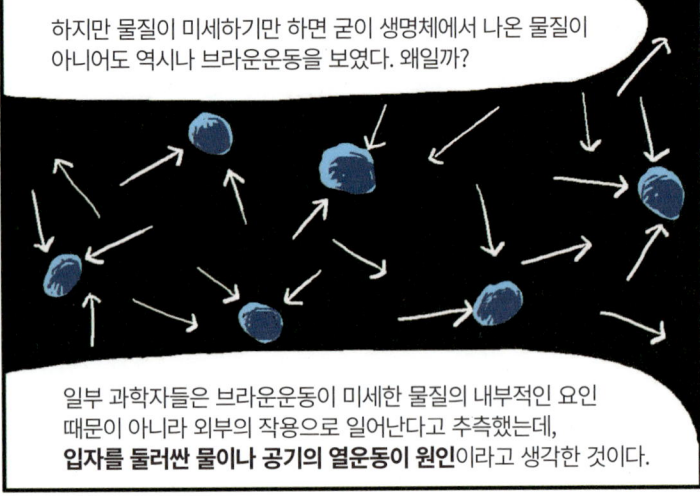

하지만 물질이 미세하기만 하면 굳이 생명체에서 나온 물질이 아니어도 역시나 브라운운동을 보였다. 왜일까?

일부 과학자들은 브라운운동이 미세한 물질의 내부적인 요인 때문이 아니라 외부의 작용으로 일어난다고 추측했는데, **입자를 둘러싼 물이나 공기의 열운동이 원인**이라고 생각한 것이다.

***브라운운동**(Brownian motion) : 액체나 기체 안에서 작은 입자가 보이는 불규칙한 운동.

살펴보면 브라운운동은 주변에서 흔하게 발견된다.

이 사람은 역사상 가장 위대한 특허청 직원, **아인슈타인**이다…

***알베르트 아인슈타인**(Albert Einstein, 1879~1955) : 독일 출신의 미국 과학자로 과학자들뿐만 아니라 일반 대중들의 세계관까지 바꿀 정도로 큰 영향력을 행사했다.

젊은 아인슈타인이 1905년에 뿜어낸 과학적 영감과 통찰력은 말로 표현하기조차 힘들다.

그냥… 미쳤다!

우걱 우걱

그가 1905년에 출간한 *네 편의 논문들!

이 네 편의 논문 중 어느 하나만 펼쳐도 과학사를 뒤흔들고도 남을 내용을 담고 있었다.

광자라고 부르는 양자 입자가 물리적으로 존재함을 선언한 논문 한 편과

마지막 한 편은 원자의 존재를 증명하는 논문이었는데

아인슈타인을 불세출의 과학자로 만든 특수상대성이론에 대한 논문 두 편이 있다.

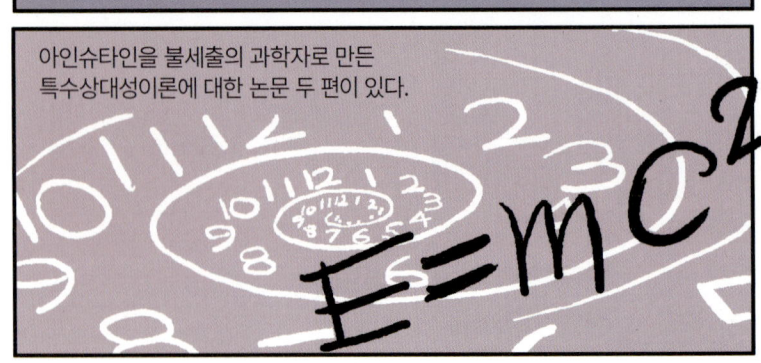

***1905년 아인슈타인이 발표한 논문 네 편** : 빛의 발생과 변화에 관련된 발견에 도움이 되는 견해에 대하여(On a Heuristic Point of View Concerning the Production and Transformation of Light) / 정지 액체 속에 떠 있는 작은 입자들의 운동에 대하여(On the Movement of Small Particles Suspended in Stationary Liquids Required by the Molecular-Kinetic Theory of Heat) / 운동하는 물체의 전기역학에 대하여(On the Electrodynamics of Moving Bodies) / 물체의 관성은 에너지 함량에 의존하는가?(Does the Inertia of a Body Depend upon its Energy Content?)

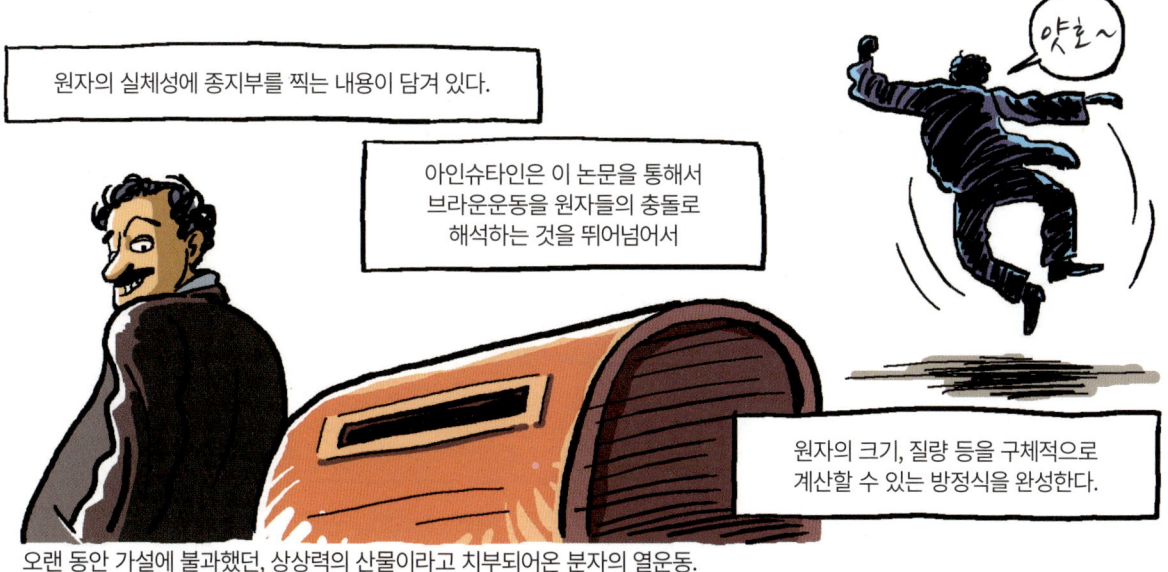

원자의 실체성에 종지부를 찍는 내용이 담겨 있다.

아인슈타인은 이 논문을 통해서 브라운운동을 원자들의 충돌로 해석하는 것을 뛰어넘어서

원자의 크기, 질량 등을 구체적으로 계산할 수 있는 방정식을 완성한다.

오랜 동안 가설에 불과했던, 상상력의 산물이라고 치부되어온 분자의 열운동.
아인슈타인의 브라운운동 논문은 분자의 열운동이 진짜라는 것을 명백히 확인시켜준다.

물속에 큰 물체가 있을 때, 그 물체에 맞닿아있는 물 분자의 충돌 방향, 강도는 각양각색이지만

큰 물체의 표면은 물 분자에 비해서 너무나 크기 때문에 물 분자들의 충돌은 상쇄되어 통계적으로 균등하다고 봐도 무방해진다.

물체가 이리저리 움직이지 않는 이유다.

하지만, 물속에 있는 것이 매우 가볍고 표면적도 대단히 작은 물체라면 물 분자로부터의 충격들이 물체와 완벽히 상쇄되지 못할 수도 있다.

특별히 강하게 부딪치는 물 분자에 의해 물체가 움직일 수도 있다는 것이고, 이것이 바로 브라운운동이다.

미세한 꽃가루는 충격에 의해서 한쪽으로 움찔 움직인 후에, 이어서 또 다른 충격에 의해 다른 어떤 방향으로 움직일 수 있다. 이런 식으로 비틀비틀 움직인다.

모든 방향으로의 확률은 동일하다.

이것이 그동안 신기하게 여겨졌던 브라운운동의 정체다.

이것을 *랜덤워크(무작위 행보)라고 부른다.

술 좀 작작 먹어!

아인슈타인은 논문의 출발점에서 입자가 움직이는 거리는 최초 움직임 이후 흘러간 시간의 제곱근에 비례한다는 것을 유추했다.

$\sqrt{\dfrac{6k_B T t}{m\beta}}$

이 논문은 맥스웰-볼츠만의 속도 분포를 이용하여 꽃가루 입자의 움직임이 변하는 빈도와 크기를 계산할 수 있는 방정식을 도출하며 마무리된다.

*랜덤워크(random walk, 무작위 행보) : 임의의 방향으로 향하는 연속적인 움직임을 나타내는 수학적 개념. 수학, 컴퓨터, 경제, 물리학 등 많은 분야에서 광범위하게 사용되는 이론이다.

대단히 중요한 점은 아인슈타인의 방정식으로부터 꿈에서나 그리던 아보가드로수를 구할 수 있다는 것이다.

그리고 원자의 크기도 알아낼 수 있다! 진짜다!

잠깐! 진정하자. 정밀한 측정이라는 조건이 남아 있다. 측정된 구체적 수치가 있어야 방정식을 이용해서 아보가드로수를 알 수 있다.

프랑스의 물리학자 페랭은 아인슈타인의 브라운운동 분석에 매료되었고, 직접 고안한 실험 방법으로 이를 확인하기로 한다.

놀랍군…

페랭이 개발한 탁월한 실험 장치 덕에 방정식에 입력할 훌륭한 측정값을 얻을 수 있었고, 아인슈타인의 분석이 옳았다는 것을 증명함과 동시에

아보가드로수와 원자의 크기를 도출할 수 있었다.

아인슈타인은 *페랭의 실험*에 감복했다.

페랭 선생이 계신 건 저에게 큰 행운입니다!

도대체 이런 실험 장치를 어떻게 만드신 거죠? 그토록 정밀한 실험을 무슨 수로 해내신 겁니까?

과찬이세요.

***페랭의 아보가드로수 측정 실험**(1913년) : 페랭은 미세한 고무 미립자를 물에 넣고 기다리면 대부분 아래로 가라앉지만 미립자 약간은 위로, 이보다 적은 양은 더 위로, 이런 식으로 펼쳐지면서 분포하는 것을 보았다. 물 분자가 미립자와 충돌하는 것이 맞다면, 적은 양의 미립자는 중력을 거슬러 위로 움직일 수 있을 것이다. 페랭은 아인슈타인의 방정식을 이용하면 각 높이마다 분포하는 미립자 수의 관계를 계산할 수 있음을 직감했다. 방정식에서 미립자와 물 분자의 크기가 변수가 된다. 페랭은 높이마다 미립자의 수를 일일이 세어, 물 분자의 크기, 물 원자의 크기, 원자의 질량, 그리고 아보가드로수까지 차례대로 계산했다.

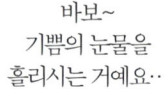

***전자**(electron) : 조지프 톰슨(Joseph John Thomson)이 전자를 발견한 사건을 현대 과학의 시작이라고 보는 사람들이 많다. 현대 과학 문명은 전자의 행동을 이해하고 이용하면서 이룩한 것이다.

***막스 플랑크**(Max Planck, 1858~1947) : 열복사 문제를 연구하는 과정에서 플랑크 상수(h)를 발견하여 양자론의 시작을 알리면서 물리학에 커다란 전기를 가져온 독일의 물리학자.

ATOM EXPRESS
EPILOGUE

원자, 발견인가 발명인가

논리학은 당신을 A에서 B로 이끌어줄 것이다.
그러나 상상력은 당신을 어느 곳이든 갈 수 있게 해줄 것이다.
– 알베르트 아인슈타인

원자라는 존재의 증명

여행은 여기까지다.
우리는 아보가드로수를 확인했고, 이것은 곧 원자가 구체적으로 얼마나 크고, 무게가 얼마나 나가는지를 확인했다는 것이다.
바로 여기가 여행의 종착역이라는 뜻이다.
하지만 원자론자가 아닌 과학자들의 반응은 잠잠했다. 원자론자들이 환호한 것과 달리,
대부분의 과학자들은 아인슈타인과 페랭의 아보가드로수를 그다지 진지하게 바라보지 않았던 것이다.

아보가드로수의 발견도 진정한 종착역이 아니었다.
과학자들은 대체로 회의적이며 이들을 설득한다는 것은 여간 어려운 일이 아니다.
그러나 상황은 급변한다. 과학의 다른 분야에서 각기 다른 방식으로 아보가드로수를 찾아내기 시작한 것이다.

페랭이 알려준 아보가드로수는 6.02×10^{23}/mol이었다는 것을 기억하자.
러더퍼드(Ernest Rutherford, 1871~1937)는 라듐과 우라늄에서 나오는 알파입자를 일일이 세는 방식으로
6.02×10^{23}이라는 아보가드로수를 얻었다.
밀리컨(Robert Andrews Millikan, 1868~1953)은 대전된 기름방울 입자를 떨어뜨리는 유명한 실험을 통해
기본전하량(e)을 구했고, 이것과 패러데이 상수(F)를 조합시켜 6.03×10^{23}이라는 아보가드로수를 도출했다.
엑스선을 결정체에 쬐는 신기술로 다이아몬드의 단위격자를 극도로 정밀하게 측정해,
이로부터 아보가드로수 6.238×10^{23}이라는 값을 도출한 사례도 있다.

그토록 불가능해 보이던 아보가드로수가 여러 분야에서 봇물 터지듯 제각각의 방식으로 계산되었고,
더 놀라운 점은 이 아보가드로수들이 거의 정확하게 일치한다는 것이었다. 이렇게 똑같다니!
이 특별한 결과는 아보가드로수는 우연이 아니며, 원자는 진짜라는 인식을 주기에 충분했다.
하지만 원자의 실재성에 대한 의심을 완전히 불식시키는 계기는 아보가드로수가 아닌 다른 데서 나타났다.
하나가 날아오다가 곧 둘, 셋 걷잡을 수 없이 쏟아진다.

연금술사들이 어떤 물질을 금으로 바꾸기 위해 무던히도 애썼던 시절이 있었다.
물론 그 노력은 실패했으며, 그 후 어떤 화학자도 원소 간의 변환이라는 터무니없는 짓을 시도하지 않았다.
그러나 곧 변환이 가능하다는 실험들이 나오기 시작했다.
어떤 원소들은 특별한 조치 없이도 자발적으로 다른 원소로 변환될 수 있었는데, 바로 방사능 현상이다.
러더퍼드는 이 방사능 현상을 원자를 이용해 설명했다. 크룩스(William Crookes, 1832~1919) 같은 과학자도
원소 사이에 변환이 일어나는 이유는 원자가 붕괴하기 때문이라고 해석했다.
원자는 쪼개질 수 없는 최종 입자다. 그런데 붕괴라니.

무엇보다 결정적인 사건은 '전자'라는 존재의 인식이었다.

톰슨(Joseph John Thomson, 1856~1940)은 당시 알려진 신비로운 음극선을 연구하는 과정에서
이것이 음으로 대전된 '입자'라는 결론을 내리게 된다. 음극선은 전자기파가 아닌 입자로밖에 설명되지 않았다.
아보가드로수로 계산한 가장 가벼운 원자보다 2,000배 정도 가벼운 이 입자는 모든 원자가 포함하고 있는
아원자 입자가 명백해보였고, 이를 '전자'라고 부르게 된다.

이 무렵 이론물리학과 더불어 실험물리학도 혁명을 맞이했는데
실험물리학의 선두주자였던 러더퍼드는 금 원자에 알파입자를 하나씩 쏘아대는 기발한 실험을 통해
원자 안에 단단한 무언가가 있다는 것을 발견했다.

톰슨은 일찍이 건포도가 박혀 있는 푸딩처럼 양전하를 띠는 원자에
전자가 송송 박혀 있는 원자 모델을 제안했는데, 러더퍼드의 실험은 톰슨의 모델을 지우고
새로운 원자 구조를 제안한 셈이다. 그 원자 구조는 양전하를 띤 원자 한가운데에
원자 질량의 대부분을 차지하는 원자핵이 있고 음전하를 띤 전자가 그 주위를 돌고 있는,
흡사 태양계를 연상시키는 모양이었다.
놀랍게도 러더퍼드의 원자는 속이 거의 비어 있는 것이나 다름없었다.
원자의 속이 꽉 차 있다는 상식을 뒤엎은 것이다.

이런 과학적 발견들은 인류를 완전히 새로운 세상으로 인도했으며, 이전의 과학을 박물관으로 밀어넣고 있었다.
과학자들은 이제 원자의 내부로 향하는 골드러시에 합류해 뒤를 돌아볼 여유도 없이 바쁘게 달려나갔다.

이로써 원자의 존재 유무에 대한 논쟁은 쓸모없어졌다.

이렇게 허무한 결말이라니.

물질의 최종 입자라 정의되었던 원자는 이 사건을 통해 **최종 입자로서의 자격을 박탈당함과 동시에
역설적으로 그 존재를 인정받게 된 것이다.**

여행에서 발견한 것은 원자인가?

"원자가 진짜 존재하는 것인가?"
우리의 여행은 이 질문에서 시작되었다.
우리는 원자를 찾는 것이
사막 어딘가에 숨겨진 보물을 찾아서 두 눈으로 확인하는 것과는
성격이 전혀 다르다는 것을 어느 정도는 짐작하고 있었다.

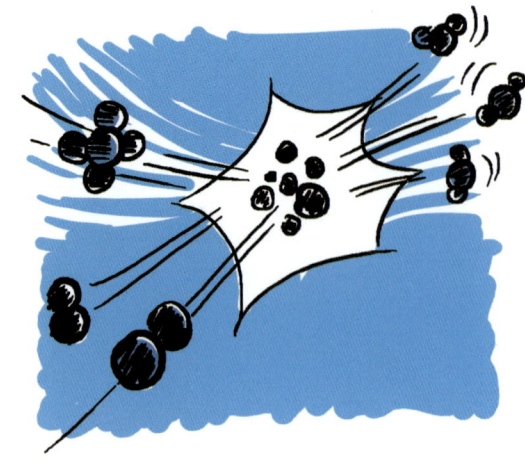

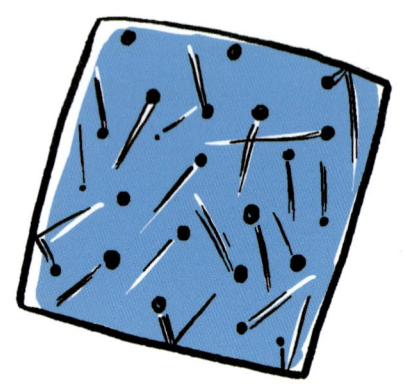

또한 원자는 그 어떤 성능 좋은 현미경이나 저울로도
측정이 불가능하다는 것 역시 처음부터 짐작하고 있었다.
그러한 원자를 도대체 어떤 새로운 눈으로 인지할 것인지가 문제였다.
또한 그것이 누구나 동의할 정도로 신뢰할 만한 것인지도 중요한 문제였다.

이 여행을 통해 만난 원자론자들은 굉장히 무모한 결단을 내린 사람들이다.
원자가 '존재'할 것으로 가정하고, 실험에서 관찰되는 사실들을 증명하려는 시도를 했기 때문이다.
화학반응에서 나오는 사실들을 돌턴은 원자가 있다고 가정해서 설명하려고 했고,
맥스웰과 볼츠만은 기체의 온도, 압력과 같은 관측 사실들을 원자가 운동을 한다고 가정해서 설명하려고 했다.

문제는 이들의 이론이 논리적으로
오류가 없을지라도 이론이 사실인지,
원자가 실재한다는 것인지는 알 수 없었다는 것이다.

신중한 대부분의 과학자들은 지극히 논리적인 이유로 원자의 존재를 가정한다는 행위 자체를 부정했다.
가설이 측정된 사실들과 부합한다 해서 그 가설이 참이 되는 것은 아니기 때문이다.
라부아지에가 플로지스톤이라는 가상의 존재를 부정하고 측정된 사실에만 의존하여
화학을 바로잡았던 것만 보더라도, 원자와 같은 가상의 존재를 인정하지 않는 태도는 무척 합리적이었다.
그런데 왜 돌턴과 볼츠만 같은 원자론자들은 원자에 집착했을까?

'믿음', '성향', '관점'과 같은 단어들은 객관성을 기반으로 하는 과학하고는 잘 어울리지 않는다.
하지만 원자를 추적하는 모험에서는 다분히 인간적인 면모가 원동력이 되었다.
원자론자들은 당장 명백하게 증명하는 것이 불가능한 새로운 개념과 잠정적인 이론을 거론하는 것이
과연 올바른지에 대한 확신이 전혀 없으면서도 자신의 직감과 신념을 따랐다.
과거 플로지스톤이나 열소 같은 가상의 개념을 주장했던 사람들도 마찬가지였다.
그들 스스로는 인정하지 않겠지만, 가설 만들기를 경계해야 한다고 주장한 사람들조차
마음속에는 믿음을 품고 있었을 것이다. 원자 반대론자들은 측정이 불가능한
형이상학적 개념은 고려할 이유가 없다고 주장했는데, 엄밀히 말하면 이것 역시 사실이 아니라 믿음이다.

이 모든 과정을 보면 각자 다른 성향과 믿음을 품었지만
결국 이들 모두의 마음속에 같은 믿음 하나가 있었다는 것을 엿볼 수 있다.
우주가 어떤 '법칙'에 의해 돌아간다는 것이다.

'우주에는 인간의 의지나 희망과 관계없이 작동하는 법칙이 있으며, 그 법칙은 본질적으로 단순할 것이다.'

하지만 우주가 법칙에 의해 돌아간다는 것이 논리적으로 참인지 거짓인지 증명할 수는 없다.
그러니까 그것은 믿음의 문제인 셈이다.

이들 모두가 인정하는 F=ma라는 뉴턴의 식은 F=0이면(즉 외력이 0이면) 운동량이 보존된다는 것을 표현하고 있다.
이것은 진리인가? 이조차 진리인지 증명할 방법은 없다.

원자와 함께했던 고된 여정에서 우리가 보았던 것은 어쩌면 원자가 아닐지도 모른다.
우리는 그 여정을 통해 우리 자신을 본 것이다. 우리의 가능성을 보는 동시에 한계를 본 것이다.

우리는 자연을 얼마나 있는 그대로 볼 수 있는가?
참된 실재를 보기 위해 우리는 어떤 선택을 해야 하는가?
완전히 신뢰할 방법은 무엇인가?
우리가 참된 실재를 보는 것은 가능한 일인가?

상당히 미묘하고 머리가 아프고 어쩌면 가당치 않은 마지막 질문을 던져본다.

원자는 원래부터 존재했던 것이고, 그것을 발견한 것인가?
아니면, 우리 과학자들이 **원자를 존재하게끔 만들어낸 것인가?**

어떤 이들은 절대적으로 옳은 참된 세계는 우리의 인식과 별개로 존재한다고 믿고 있다.
이들이 감각 가능한 세계를 탐구하는 이유도 궁극의 참된 세계를 이해하기 위함이며,
도달하기 힘들지라도 그 참된 세계에 끊임없이 다가갈 수는 있다는 믿음을 가지고 있기 때문이다.
이런 믿음에 기초한 불굴의 노력이 원자의 발견이라는 찬란한 성과에 닿은 것이다.
이런 의미에서 원자는 원래부터 있었고, 분명하게 발견된 것이라고 할 수 있다.
볼츠만, 아인슈타인 같은 사람들은 이에 동의할 것이다.

다른 견해를 가진 과학자도 있다. 푸앵카레는 참된 실재는 알 수도 없고 알 바 아니라며,
인간의 정신이 만든 창조물이 있을 뿐이라고 말한다.
그는 뉴턴의 운동 법칙 F=ma는 참인지 거짓인지를 판단할 수 없으며 실재의 우주와 무관한
인간의 자유로운 정신이 만든 창조물이라고 생각했다.
F=ma 같은 법칙들은 일종의 규약인 것이고, 이 규약으로부터 유추한 원자도
본질적으로 우리가 만든 창조물이라고 생각했다.
일반적으로 규약은 인위적이며 쓰임의 영역이 비좁다.
그런데 규약으로서의 법칙은 너무나 유용했기에 살아남은 것이라고 했다.
법칙은 실재가 아니지만 생산적이라는 주장이다.

여러분의 생각은 어떠신지?

어쩌면 과학은, 있는 것을 발견하는 동시에 없는 것을 만들어내는 것이기도 할 것이다.
무수한 이론들은 그러한 태도에서 시작되었다.
위험한 발언일지 모르지만, 과학을 움직이는 힘들 중에 분명 상상력이 있다.
그러나 이 상상력은 그냥 주어진 것이 아니다. 자신의 생을 바쳐 새로운 세계로 뛰어들고
마침내 그 세계의 원리를 과학적으로 증명해낸 어떤 과학자가 징검다리가 되어주었기에 가능한 것이다.
우리는 원자의 존재가 증명되는 과정을 함께 지나오며 하나의 징검다리를 건너왔다.

우리는 또 하나의 강을 건너왔고 이제 또 이 길을 갈 것이다.
다시 새로운 강 앞에 설 때까지.

글을 맺으며

존재의 의미로 이어지는 원자 여행

저는 중고등학교를 다니는 동안 수학, 물리, 화학 등의 과목을 꽤나 잘했습니다. 문제를 잘 풀었다는 얘기죠. 성적이 좋다 보니 성취감도 있었고, 진로는 자연과학, 이공 계열로 굳어졌습니다. 하지만 대학 때부터 과학에 대한 관심은 급속히 시들해졌습니다. 대학에서도 계속된 문제 풀이는 더는 성취감을 주지 않았고, 복도를 오갈 때 보이는 실험실 광경도 지루해 보였습니다. 이렇게 시들해진 이유는 제 과학 공부에 "왜?"라는 질문이 빠져 있었기 때문인 것 같습니다. 몰농도를 계산하거나 화학식을 완성하는 난해한 화학 문제도 척척 풀었고, 주어진 물체들의 질량, 중력 상수 등의 조건으로부터 낙하 거리도 금방 풀어냈으며, 염기 서열로부터 얻어지는 아미노산 서열을 맞추는 문제 따위는 식은 죽 먹기였지만… 이런 문제를 풀어내는 것은 숙련도만 높이는 퍼즐 놀이의 연속입니다. 과학 교육을 받으며 지나치게 많은 문제 풀이만을 반복했던 거지요.

도대체 왜? 무슨 이유로 물체는 낙하하는가? 생명의 유전 암호라는 것은 도대체 무엇을 의미하는가? 몰 농도를 계산하기에 앞서, 몰 개념의 근간이 되는 원자… 왜 원자가 근간이란 말인가? 무슨 근거로 모든 물질은 빌어먹을 원자로 이루어진다고 확신하는가?

나이가 부쩍 들고 나서 "왜?"가 어렵다면 "어떻게?"라도 알고자 하는 개인적 갈증으로 탐구를 시작했습니다. 이내 속으로 외칠 수밖에 없었습니다. "오, 마이 갓!" 여느 사람들처럼 당장의 일상을 해결하면서 닥칠 미래를 준비해야 하는 중년이 되어서야 말입니다. 중고등학교에서 과학 수업을 많이 들은 편이고 대학 전공도 생물학이어서 십수 년 동안 과학과 친숙하게 지내왔으면서도 "왜?"라는 질문을 일찌감치 하지 못했던 이유는 무엇일까요? 수동적인 제 성향 탓일까요? 아니면 과학 교육에 큰 문제라도 있는 것일까요? 대학원을 휴학하고 컴퓨터 게임 회사를 설립해서 수년간 운영했는데, 게임을 개발하는 것은 뭔가를 만들기를 좋아하는 저의 성향과 잘 맞았습니다. 이렇게 과학을 오랫동안 떠나 있다가 옛 친구를 다시 만나듯 과학을 부담 없이 만나게 되었는데… 과학이라는 옛 친구는 지루하고 무뚝뚝하다는 제 기억과는 영 딴판이었습니다. 무엇보다도 열정이 넘치며 엉뚱하기도 하고 유머러스하기도 한, 다분히 인간적인 친구였고 저는 급속히 이 친구와 친해졌습니다.

그러다가 과학이라는 친구와 어울리는 나만의 방식이 생겨났습니다. 과학 만화책 시리즈를 손수 만들어보기로 한 것인데, 물론 그 전에 만화를 그려본 적이 없고, 장편의 글도 써본 적이 없었지만, 어릴 때부터 집에서 어머니, 동생과 함께 그리고, 쓰고, 읽는 것을 늘 해왔던 환경이 책 쓰기에 대한 문턱을 낮춰줬던 것 같습니다. 저 스스로 나름의 관찰력과 파고드는 집요함은 있다고 여기지만 기억력은 보통 사람들보다 현저히 떨어진다는 것도 알고 있었습니다. 기록의 차원에서라도 과학 공부를 어떤 형태로라도 남기고 싶었고, 이왕이면 재미있게 남기면 좋지 않겠냐는 생각이 들었습니다. 제 경험을 여러 사람들과 함께하고 싶기도 했습니다. 해낼 수만 있다면 얼마나 환상적이겠습니까. 시중에 나와 있는 과학 만화책을 더러 찾아봤지만 청소년과 어른을 위한 진지한 과학 만화책이 그다지 많지는 않았고, 해낼 수만 있다면 여러모로 가치가 있겠다는 생각을 했던 것 같습니다. 지체하지 않고 실행에 옮겼습니다. 제 과학에 대한 소양은 과학 전문가보다는 일반인에 가까웠기에 중력, 유전자, 원자 등의 주제를 정하고 나면 주제에 부합하는 많은 책을 읽었습니다. '읽고 기록하고'의 반복이 이어집니다. 그러다 보면 머릿속에 영화 같은 시퀀스가 생겨나고, 어느덧 전체를 엮을 이야기가 구체화됩니다. 여기에 기술적, 심미적 요소가 가미되어 과학 만화책으로 만들어집니다. 과학적 사실에 기반하지만 픽션으로 기획되었기에 완성도를 위해서라면 허구와 판타지적인 요소를 아낌없이 첨가했으며 과학자의 성격은 과장하거나 마음대로 바꾸기도 했습니다. 기차 여행이나 타임슬립, 사랑의 감정 같은 드라마틱한 장치를 곳곳에 위치시키기도 했습니다. 그래픽노블을 만든다는 것은 영화를 만드는 것과 비슷할 것 같습니다. 등장인물과 배경 작업을 위해 시대에 장소에 걸맞은 건축물, 탈것들, 의상, 소품까지 일일이 고증하여 찾아내야 하고, 적절한 대사를 만들어야 합니다. 모든 것이 스테이지에 갖춰지면 시간에 따라 어떤 장면이 연출될 것인지를 결정하고, 카메라가 켜지면 모든 것이 살아납니다. 모든 것을 내가 만들었는데도 어느 순간 내가 그 일원이 되고, 오히려 그들이 나를 안내하고 이끕니다. 그리고 모험이 펼쳐집니다. 이 모험은 한 방향이 아니라 어느 방향으로나 향하는 예측 불가능한 현실과 같은 여정으로, 진짜 '모험'처럼 제게 생생하게 다가옵니다. 과학자들과 만나서 이야기하고 함께 길을 떠나고 난관에 부딪히다 보면, 헤어질 때는 뭉클한 섭섭함까지 더해집니다. 한동안 진정으로 그 세계에 있다 오는 경험이지요. 물론 고통도 존재합니다. 대부분의 모험, 여행은 고통으로 점철되어 있지 않던가요. 끝나고 나서야 뿌듯한 추억으로 남습니다. 과학 만화책 제작 과정은 시작하기 전에 미처 예상치 못한 즐거움을 가져다 주었고, 완성되어 출간된 책을 통해 많은 사람들과 소통할 수 있었던 것 또한 크나큰 기쁨이었습니다. 제가 수년간 벌였던 어떤 일보다 잘한 일일 것입니다. 앞으로 계획하고 있는 몇 가지 과학 주제가 있는데, 부디 이 모험을 계속했으면, 아니, 무조건 하겠다는 다짐을 해봅니다.

원자 이야기는 시공간의 왜곡이 펼쳐지는 종잡을 수 없는 중력 이야기나, 확률의 세계로 들어가는 환상적인 전자

(electron)의 이야기, 까마득한 시간으로 안내하는 생물의 진화 이야기 같은 것들에 비해서 밋밋한 주제가 아니냐는 생각을 할지 모르겠습니다. 하지만 원자야말로 과학의 진국이 아닐까 싶습니다. 상다리 휘어지는 한정식 차림 한 켠에 놓여 있는 된장찌개처럼 빠지지 않는 존재감을 뽐냅니다. 과학 교과서는 원자의 존재를 무심하게, 당연하다는 듯이 언급하고 있습니다. 데모크리토스가 최초로 원자 가설을 제안했고 돌턴이 구체화했다고 하면서 바로 주기율표로 미끄러지고 은근슬쩍 원자 간의 화학 결합으로 넘어갑니다. 이럴 수가… 교과서는 정말 중요한 걸 버려뒀네요. 원자가 실제로 있다는 것을 어떻게 알았단 말입니까? 그토록 작은 것을 성능 좋은 현미경으로 보았다는 건가요? 그도 아니면 무슨 수로 원자를 객관적으로 존재하는 것이라 인정하고 합의했다는 것인가요? 원자 이야기는 "과연 존재한다는 것은 무슨 의미인가?"라는 물음에 대한 답을 찾고자 하는 인간이 만들어낸 이야기입니다. 원자가 존재하는지를 추적하는 험난한 여행은 우리 인간이 우주를 보는 새로운 눈을 가지게 되는 역경의 대서사시이며, 인간이 우주를 얼마만큼이나 볼 수 있는지 그 한계와 마주하는 여행이기도 합니다. 원자를 통해 새로운 눈을 갖게 된 후에야 '전자'라는 입자를 볼 수 있게 되었으며, '양자역학'이 새로운 눈의 기준에서 기묘하다고 느끼고 또 다른 눈을 가지게 되는 이야기로 이어

지는 것입니다. 이 최첨단 시대에 먼지 나는 원자가 웬 말이냐고 치부할 것이 결코 아닙니다. "왜 과학 선생님들께서는 원자가 있다고만 하시고, 왜 원자가 있어야만 하는지에 대한 흥미진진한 이야기는 들려주시지 않았나요!"

《아톰 익스프레스》가 만들어지기까지 많은 분들이 노력을 보태주셨습니다. 먼저 이 책에 애정을 가지고 꼼꼼하게 내용을 감수해주신 김상욱 선생님과 김범준 선생님께 무한한 감사를 드립니다. 채색을 도와주신 황동희 님, 김정진 님, 편집에 큰 정성을 쏟아주신 출판사의 박혜정 님께 큰 감사를 드립니다. 책을 쓰는 과정에서 얘기 들어주신 민족사관고등학교의 선생님들께도 감사하며, 나의 일에 오랫동안 관심을 가져주시고, 현 직장 엔씨문화재단으로 인도해주신 TJ님과, 엔씨문화재단 식구들에게도 감사의 말을 전합니다. 늘 그랬듯이 가장 큰 응원을 보내주는 가족에게도 감사와 사랑을 보냅니다.

2018년 11월

조진호

주요 등장인물 소개

데모크리토스(Democritos, B.C.460?~B.C.370?)
그리스 북동부의 아브데라에서 태어난 데모크리토스는 젊은 시절 부모로부터 막대한 유산을 물려받아 이집트에서 에티오피아, 인도에 이르기까지 세계 각지를 여행했고, 생애 후반기에는 사색과 집필 활동에 집중했다. 레우키포스(Leukippos)가 창시한 원자론을 데모크리토스는 우아하고 체계적으로 완성했으며 후에 원자설의 시조는 데모크리토스로 알려지게 된다.

아리스토텔레스(Aristoteles, B.C.384~B.C.322)
마케도니아 왕실 주치의의 아들로 태어난 아리스토텔레스는 왕국의 주요 석학이었으며, 알렉산드로스 대왕을 어릴 때부터 가르친 스승이라는 명성을 날렸다. 풍족하게 살며 마음껏 학문에 매진할 수 있었던 아리스토텔레스는 호화로운 생활을 즐겼으며 외모를 치장하는 데도 많은 시간을 보냈다고 한다. 하지만 명석한 두뇌에다 부지런함까지 갖춘 그는 일생 동안 광범위한 분야에서 백과사전식 지식 체계를 수립했다. 스승 플라톤을 존경했지만, 스승이 죽자마자 자신의 사상을 설파했다.

플라톤(Platon, B.C.427~B.C.347)
젊은 시절 소크라테스를 추종했으며 정치가로서의 야망도 있었다. 인생 후반에는 교육에 매진했고 '아카데메이아(Akadēmeia)'라는 최초의 대학을 설립하기도 했다. 지금 '플라토닉 러브'라는 단어로 자신의 이름이 자주 거론된다는 것을 플라톤이 안다면 실소를 금치 못할 것이다. 이데아론을 비롯한 플라톤의 사상은 근현대 서양 사상 체계가 형성되는 데 큰 영향을 끼쳤다.

조지프 프리스틀리(Joseph Priestley, 1733~1804)
산소라는 명칭을 최초로 사용한 과학자는 라부아지에였지만, 프리스틀리는 그보다 먼저 산소 기체를 발견했다. 산소의 발견은 화학에서 상당히 중요했는데, 이 발견이 화학 혁명을 촉발시켰고, 화합물이나 질량 보존과 같은 개념들을 정립하는 시초가 되었기 때문이다. 기체 연구의 선구자 프리스틀리는 71세가 되던 해에 실험실에서 유출된 일산화탄소에 중독되어 사망했다.

헨리 캐번디시(Henry Cavendish, 1731~1810)
부유한 귀족이었던 캐번디시는 자신의 넓고 훌륭한 개인 연구실에 처박혀 과학 연구에만 몰두했다. 극도로 내성적이었던 그는 밖으로 나가는 일도 사람들과 대화하는 일도 거의 없었다. 계단에서 우연히 여자 하인과 마주치기라도 하면 부리나케 도망쳤으며 마지막 숨을 거두는 순간에도 간병인을 밖으로 내보내고 고독을 택할 정도였다. 캐번디시는 화학, 열역학, 전기학, 지학, 천문학 등 여러 분야에서 탁월한 실험 연구를 했으며, 극도로 정밀한 정량적 실험 연구 방식은 후대 과학자의 귀감이 되었다.

앙투안 라부아지에(Antoine Laurent Lavoisier, 1743~1794)
부유한 변호사의 아들이었던 라부아지에는 법률가로서 인생을 시작했지만 곧 과학자의 길로 들어섰고, '질량 보존의 법칙'에 기반한 새로운 화학 체계를 수립함으로써 근대 화학의 선구자가 되었다. 하지만 프랑스 혁명의 열풍이 그에게도 불어닥쳤고, 세금 징수 회사를 운영했던 대가로 51세의 이른 나이에 단두대의 이슬로 사라진다.

마리안 폴즈(Marie-Anne Pierrette Paulze, 1758~1836)
14세에 라부아지에와 결혼한 폴즈는 곧 남편의 실험 조수가 되어 과학적 재능을 펼쳤다. 연구에 필요한 외국 논문들을 번역했을 뿐만 아니라 라부아지에의 연구 내용을 번역하여 외국에 알렸고, 실험을 탁월한 삽화로 표현했으며, 동료 과학자들과의 모임을 주도하며 라부아지에의 연구를 한층 빛내는 역할을 했다. 라부아지에가 처형된 후에 럼퍼드 백작과 결혼했는데, 아마도 과학자 럼퍼드에게 기대하는 바가 있었을 것이다. 하지만 폴즈와 럼퍼드 백작과의 관계는 라부아지에와는 전혀 달랐으며, 짧은 결혼 생활 후에 갈라섰다.

존 돌턴(John Dalton, 1766~1844)
평생 독신으로 살며 학문에 매달렸던 돌턴은 '부분 압력의 법칙', '배수 비례의 법칙', 화학에서의 '원자 이론' 등 굵직한 연구 업적을 쌓았다. 돌턴이 아보가드로의 '분자설'을 끝까지 받아들이지 않은 점은 특이하다. 지독한 색맹이었던 돌턴은 색각 이상을 연구해 발표하기도 했는데, 여기서 유래해 적록색맹을 돌터니즘(daltonism)이라고도 한다.

옌스 베르셀리우스(Jöns Jacob Berzelius, 1779~1848)
스웨덴이 배출한 당대 최고의 화학자 베르셀리우스가 돌턴에 비해 알려지지 않은 것은 상당히 억울한 일이다. 베르셀리우스는 돌턴의 화학 원자설의 중요성을 인식했지만 돌턴의 원자량이 정밀하지 못하다는 것을 잘 알았고, 원소의 정밀한 원자량을 측정하기 위해 최선을 다했다. 돌턴이 화학 원자설을 시작했지만 이것을 공고히 확립하고 보급시킨 공적은 베르셀리우스에게 있다. 또한 험프리 데이비의 전기 이론을 발전시켜 전기 화학적 2원론을 세웠으며, 이성질 현상, 촉매 등 화학에서 중요한 근대적 개념을 최초로 발견했다.

아메데오 아보가드로(Amedeo Avogadro, 1776~1856)
정식 이름은 로렌초 로마노 아메데오 카를로 아보가드로 디 콰레크나 에 디 세레토(Lorenzo Romano Amedeo Carlo Avogadro di Quaregna e di Cerreto)로, 과학자 중에서 가장 긴 이름을 가진 사람이다. 업적에 비해 그의 삶에 대해서는 거의 알려진 바가 없다. 원래 법률가였던 그는 갑자기 과학자로 둔갑했고 과학사에 굵직하게 '아보가드로 가설'을 새겨놓았다. 아톰 익스프레스의 종착역도 '아보가드로수'의 발견일 정도로, 원자의 발견에 혁혁하게 공헌했다고 할 수 있다.

험프리 데이비(Humphry Davy, 1778~1829)
데이비가 라부아지에의 《화학원론》을 만나지 않았더라면 약사로 평범한 삶을 살았을지도 모른다. 사실 그의 초기 연구는 유치하기 짝이 없었다. 그는 아산화질소를 직접 들이마셔보고 마취 효과가 있다는 사실을 알아냈고, 이 기체를 외과 수술에도 사용할 수 있는 '웃음 가스'라는 상품으로 만들어 큰 성공을 거두었다. 이 성공에 탄력을 받은 그는 각종 가스를 연거푸 들이마시다가 한 번은 거의 죽을 뻔 했는데, 그 가스는 일산화탄소였다. 잘생긴 얼굴과 능란한 쇼맨십을 십분 활용해 강연장의 스타가 되기도 했다.

드미트리 멘델레예프(Dmitrii Ivanovich Mendeleev, 1834~1907)
멘델레예프는 헌신적인 어머니의 희생으로 학문을 시작할 수 있었고, 폐병으로 피를 토하면서까지 공부하여 대학을 수석으로 졸업하고 위대한 과학자로 우뚝 선다. 그는 《화학의 원리》라는 교과서를 집필하는 과정에서 원소의 성질에 주기성이 있다는 것을 확신하게 되었다. 당시 알려진 63개의 원소를 카드로 만들어 검토를 거듭했지만 뚜렷한 해답을 찾지 못하고 헤매던 멘델레예프는 꿈속에서 올바르게 정렬된 카드를 보았고, 잠에서 깨어나 주기율표를 완성했다고 한다.

마이클 패러데이(Michael Faraday, 1791~1867)
찢어지게 가난한 집에서 성장한 패러데이는 어릴 때 일주일에 빵 한 덩어리만을 먹으며 버텨야 했는데, 주도면밀하게 14등분해서 하루에 두 번 정확한 시간에 먹어 지나치게 배가 주리지 않게 했다고 한다. 신문을 돌리거나 서점에서 일하는 등 어릴 때부터 여러 직업을 전전하던 그는 제본소에서 일할 때 《브리태니커 백과사전》을 읽으며 과학에 흥미를 가지게 되었다. 왕립연구소가 개최한 험프리 데이비의 대중 강연을 보고 큰 감명을 받아 데이비의 조수가 되었으며 이후 과학사를 통틀어 가장 중요한 인물 중 하나가 된다.

요제프 폰 프라운호퍼(Joseph von Fraunhofer, 1787~1826)
어릴 때부터 광학 유리와 렌즈 제작 기술을 연마한 프라운호퍼는 렌즈를 제작하는 회사를 운영하는 한편 광학연구소를 설립하는 등, 뛰어난 렌즈 기술자로서의 족적을 남겼다. 하지만 과학사에 그의 이름이 남은 것은 그 렌즈로 태양을 면밀히 바라봤기 때문이다. 프라운호퍼는 태양 스펙트럼에서 검은 선들을 발견했으며 그것을 정확하게 기록했다. 이것은 후대 과학자들의 중요한 연구 주제가 되었고 양자역학 출현의 계기가 되었다.

로베르트 분젠(Robert Wilhelm Eberhard Bunsen, 1811~1899), 구스타프 키르히호프 (Gustav Robert Kirchhoff, 1824~1887)
패러데이와 맥스웰의 만남처럼, 과학사에는 멋진 짝꿍들이 있다. 분젠과 키르히호프의 만남도 그중 하나다. 분젠이 만든 분젠버너와 키르히호프가 만든 분광기의 결합은 과학사에서 손꼽히는 발명품으로 남게 된다. 이 발명품은 적은 양의 물질이라도 그 안에 어떤 원소가 있는지 알아내고, 미지의 원소를 발견할 수 있는 길을 터주었다. 이들은 루비듐, 세슘이라는 새로운 원소를 발견했고, 다른 과학자들도 이 장치를 이용해 탈륨, 인듐, 갈륨, 스칸듐, 게르마늄과 같은 원소를 무더기로 발견하는 쾌거를 이룩한다.

크리스티안 하위헌스(Christiaan Huygens, 1629~1695)
어린 시절 철학자 데카르트와 대화하며 큰 감명을 받은 하위헌스는 과학을 평생 업으로 삼기로 결심했다. 다른 과학자들과 활발히 교류한 그였지만 그 당시 과학자들과는 달리 종교나 철학에는 전혀 관심이 없었다. 그는 오로지 과학에만 집중했고, "세계가 내 조국이고, 과학은 내 종교다"라고 말하기도 했다. 그는 손수 개량한 망원경으로 토성의 위성 타이탄을 발견했고, 뉴턴과는 반대로 빛은 파동이라고 주장했지만, 막강한 권력을 휘두르던 뉴턴의 그늘에 가려져 있다가 후에 토머스 영의 실험 덕분에 재평가를 받게 된다.

토머스 영(Thomas Young, 1773~1829)
토머스 영은 어릴 적부터 여러 언어와 물리학, 화학에 특출난 재능을 보여 신동이라는 소리를 들으며 성장했다. 성인이 되어서도 의학, 물리학, 생리학, 언어학 등등 다방면에서 능력을 발휘했다. 한마디로 '난사람'이었다. 동시대의 과학자들도 그를 진정한 천재라 칭송했으며, 아인슈타인도 영을 극찬했다. 빛의 파동설을 확립했으며, 이집트의 로제타석을 최초로 해독해 고고학 분야에서도 특출난 업적을 남겼다.

럼퍼드 백작 벤저민 톰슨(Sir Benjamin Thomson, Count Rumford, 1753~1814)
럼퍼드 백작은 뉴잉글랜드, 영국, 독일, 프랑스 등등 유럽을 누비며 군인, 상인, 과학자 등 여러 직업을 전전했던 야심 찬 남자다. 신성 로마제국 황실로부터 백작 칭호를 받은 그는 백작이라 불리는 것에 큰 자부심을 가졌다. 처형당한 라부아지에의 아내였던 폴즈는 럼퍼드 백작과 재혼했으나, 두 사람의 결혼 생활은 길지 않았다. 그의 가장 큰 과학적 업적은 열소설을 뒤엎고 열과 운동이 같은 현상이라는 것을 유도한 것인데, 이 발견은 열역학의 시작에 큰 역할을 했다.

니콜라 카르노(Nicolas Leonard Sadi Carnot, 1796~1832)
더 효율적인 증기기관을 만들기 위해 이론 차원에서 증기기관을 연구한 카르노는 열과 일의 관계에 대해 중요한 발견을 한다. '카르노 순환'이라고 알려진 이 연구에 의하면 동력은 열이 뜨거운 물체에서 찬 물체로 이동할 때 발생하며, 온도 차이가 동력의 핵심이다. 이 깨달음은 후에 클라우지우스의 열역학 제2법칙으로 이어진다. 카르노는 열역학 제2법칙은커녕 여전히 열이 열소(caloric)라는 낡은 관점을 견지했지만 그의 연구가 워낙 중요했기에 과학사에서는 카르노를 열역학의 선구자로 인정하고 있다.

제임스 줄(James Prescott Joule, 1818~1889)
줄은 전기, 열, 화학, 동력학 등 다방면으로 실험을 하면서 이들 전체를 하나의 시스템으로 보게 된다. 동력이 열을 만들고, 열이 전류로 변환되고, 전류가 화학반응을 일으키는 등 모든 것이 연결되어 있으며 결국 동등하다는 것, 바로 열역학 제1법칙(에너지보존법칙)이다. 독실한 기독교도였던 그는 "하느님이 창조한 자연의 작인(agent)은 새롭게 창조될 수도, 파괴될 수도 없다"라는 말을 했고, 과학자의 소임은 다양한 작인들 사이에 성립하는 비례상수 값을 알아내는 것이라고 했다.

로버트 보일(Robert Boyle, 1627~1691)
근대 과학의 선구자 중 한 명으로 꼽히는 보일은 연금술이나 생기론을 비판했고, 실험과 정량적 방법을 추구했다. 그는 독실한 기독교 신자였지만 과학과 종교는 조화롭게 양립할 수 있다고 주장했다. 보일의 저서 《회의적 화학자(Sceptical Chymist)》는 갈릴레이의 책처럼 대화체로 서술되어 있는데, 4원소설, 연금술을 비판하고 실험을 중시하는 새로운 자세를 강조했다. 이 책은 당시 널리 읽혔고 물질 탐구에 대한 근대적인 길로 안내했다는 평가를 받았다.

켈빈 남작 윌리엄 톰슨(William Thomson, 1st Baron Kelvin, 1824–1907)
영국의 이론 물리학자 톰슨은 이제까지 나왔던 열역학에 대한 이론을 종합적으로 정리했으며 절대온도 개념을 제안하는 등 열역학 발전에 크게 기여했다. 절대온도 단위 켈빈(K)은 그의 이름을 딴 것이다. 원래 이름은 톰슨이지만 남작 작위를 받으면서 '켈빈 경'으로 불렸다. 과학자들은 유독 독신이 많은데, 켈빈 경도 마찬가지였으며 세습 작위를 받았지만 후손이 없어서 작위는 1대에서 끝났다.

다니엘 베르누이(Daniel Bernoulli, 1700~1782)
기체운동론의 선구자이며 현의 진동, 유성의 궤도 등등 여러 가지 연구를 수행하였다. 베르누이의 업적은 입이 다물어지지 않을 정도로 많은데, 혼동하지 말아야 할 것은 한 사람의 성취가 아니라는 것이다. 베르누이 가문은 대를 거듭하며 위대한 수학적, 과학적 성과를 일궈냈다. 스위스 바젤 대학교의 수학 교수 자리를 1세기 동안 이어온 것도 베르누이 가문이다.

루돌프 클라우지우스(Rudolf Julius Emanuel Clausius, 1822~1888)
클라우지우스는 '이론물리학'이라는 물리학의 새로운 분야의 선구자로서 열역학 제2법칙을 정립했다. 그는 기관의 효율이 온도 차이에만 비례한다는 카르노의 연구가 무엇을 뜻하는지를 파악했고 '열의 낭비'라는 현상을 물리학적인 개념으로 만들기 위해 엔트로피(entropy)라는 추상적인 물리량을 창안했다. 우주의 엔트로피는 최대가 되려는 경향이 있으며, 이것이 바로 열역학 제2법칙이다. 그는 50세의 나이에 보불전쟁에 참전해 다리에 부상을 입는가 하면 66세의 나이에 재혼해 아들을 보는 등 혈기왕성한 삶을 살았다.

제임스 맥스웰(James Clerk Maxwell, 1831~1879)
패러데이는 전자기유도 현상을 통해 오랫동안 별개로 취급되었던 전기와 자기 현상의 밀접한 관계를 밝혔고, 맥스웰은 '맥스웰 방정식'이라는 미분 방정식으로 수수께끼 같던 전기와 자기 현상을 깔끔하게 정리했다. 빛은 '전자기파'라는 위대한 통찰을 이끌었던 맥스웰은 기체 분자의 속도 분포에 대해서 '맥스웰 속도 분포 법칙'을 유도했고, '평균자유행로'를 구하는 등 기체 분자 운동론에서도 핵심적인 업적을 남겼다. 아인슈타인은 물리학을 맥스웰 이전과 이후로 나눌 만큼 그의 천재성을 경외했다고 한다.

루트비히 볼츠만(Ludwig Eduard Boltzmann, 1844~1906)
창조적인 방식으로 급진적인 주장을 펼친 볼츠만은 과학에 대한 철학적 논쟁이 심한 시기에 원자론을 주장해 가혹한 비판을 받았다. 측정 가능한 것만 과학의 대상으로 삼아야 한다고 주장한 마흐, 오스트발트 같은 과학자들은 볼츠만이 가상적인 원자에 기반해 내놓은 기체운동론을 격렬히 반대했다. 볼츠만은 이에 끝까지 저항했고, 최후의 원자론자로 남았다. 1906년 가족들과 아드리아해에서 휴가를 보내던 볼츠만은 부인과 딸이 물놀이를 하는 동안 숙소에서 목을 맸다. 자살의 이유는 알려지지 않았고 추측만 할 뿐이다.

에른스트 마흐(Ernst Mach, 1838~1916)
과학의 혼란기였던 19세기 말, 20세기 초반에 마흐는 과학이 다뤄야 할 것과 그러지 말아야 할 것을 명확히 하고자 노력했다. 마흐는 에너지보존법칙도 믿음일 뿐이라고 비판했고, 뉴턴의 절대공간도 부정했으며, 원자 역시 측정할 수 없는 가상의 것이라고 부정했다. 사실 그는 과학에서 '이론'이라는 것 자체에 회의적이었다. 실험적 사실만을 신봉한 마흐는 물리학자였지만 물리학을 초월한 인식론, 철학론까지 사유를 확장했으며, 과학이란 무엇인지를 진지하게 성찰한 인물이었다.

알베르트 아인슈타인(Albert Einstein, 1879~1955)
인간 아인슈타인의 삶에서 비범한 구석을 찾기는 힘들다. 학교에서 낙제점을 받기도 했고, 대학 시험에도 떨어졌고, 집안 반대를 무릅쓰고 결혼했다가 이내 이혼하기도 했다. 하지만 과학자 아인슈타인은 자유로운 사고실험을 통해 양자론의 토대를 만들었고, 원자가 실재한다는 것을 발견했으며, 시간과 공간은 상대적이라는 것, 시공간의 왜곡이 중력을 일으킨다는 것을 알아냈다. 더벅머리 동네 아저씨 같은 아인슈타인의 모습은 전세계 대중들에게 과학자의 얼굴로 각인되었고, 그는 인류 지성의 자부심과 같은 존재가 되었다.

장 페랭(Jean Baptiste Perrin, 1870~1942)
아인슈타인의 브라운운동 이론을 실험적으로 완벽히 증명함으로써 '아보가드로수'를 구체적으로 밝혔다. 수많은 원자론자들의 역경 끝에 '아톰 익스프레스'의 여정에서 마무리 투수 역할을 한 것은 그에게도 큰 영광일 것이다.

리처드 파인만(Richard Phillips Feynman, 1918~1988)
아인슈타인 이후 20세기 최고의 천재 물리학자로 평가받는 파인만은 유머러스하고 장난기 넘치는 사람이었는데, 물리학도 일종의 즐거운 놀이로 여겼다. '아톰 익스프레스'의 여정에서 그의 과학적 성과를 살펴볼 기회는 없었지만, 앞으로 이어질 원자 그 너머를 향한 모험에서 파인만의 활약을 기대해보도록 하자.

참고문헌

- 가다야마 야수히사, 《양자역학의 세계》, 김명수 옮김, 전파과학사, 2017년.
- 곽영직, 《양자역학으로 이해하는 원자의 세계》, 지브레인, 2016년.
- 김영식·임경순, 《과학사신론》, 다산출판사, 2007년.
- 낸시 포브스·배질 마흔, 《패러데이와 맥스웰》, 박찬·박술 옮김, 반니, 2015년.
- 다케우치 가오루, 《한 권으로 충분한 양자론》, 김재호·이문숙 옮김, 전나무숲, 2010년.
- 데이비드 린드버그, 《서양과학의 기원들》, 이종흡 옮김, 나남, 2009년.
- 데이비드 린들리, 《볼츠만의 원자》, 이덕환 옮김, 승산, 2003년.
- 리언 레더먼·딕 테레시, 《신의 입자》, 박병철 옮김, 휴머니스트, 2017년.
- 리언 레더먼·크리스토퍼 힐, 《대칭과 아름다운 우주》, 안기연 옮김, 승산, 2012년.
- 리처드 파인만, 《파인만의 여섯가지 물리 이야기》, 박병철 옮김, 승산, 2003년.
- 마르크 라시에즈 레, 《진공이란 무엇인가》, 김성희 옮김, 알마, 2016년.
- 마이클 브룩스, 《물리학을 낳은 위대한 질문들》, 박병철 옮김, 휴머니스트, 2009년.
- 만지트 쿠마르, 《양자 혁명》, 이덕환 옮김, 까치, 2014년.
- 배질 마흔, 《모든 것을 바꾼 사람》, 김요한 옮김, 지식의숲, 2008년.
- 사이죠 도시미, 《물리상수는 어떻게 생겨났을까》, 김재영 옮김, 아카데미서적, 2008년.
- 샘 킨, 《사라진 스푼》, 이충호 옮김, 해나무, 2011년.
- 아이작 아시모프, 《작은 우주, 아톰》, 안준호 옮김, 열린책들, 2011년.
- 앤 루니, 《물리학 오디세이》, 김일선 옮김, 돋을새김, 2013년.
- 요시자와 야스카즈, 《원소란 무엇인가》, 박택규, 전파과학사, 2018년.
- 일본 뉴턴프레스 엮음, 《완전 도해 주기율표》, 아이뉴턴, 2017년.
- 자일스 스패로, 《한 장의 지식 : 물리학》, 한시아 옮김, 아르테, 2017년.
- 절 워커·데이비드 할리데이·로버트 리스닉, 《일반물리학》, 고려대 외 공역, 범한서적, 2015년.
- 제임스 래디먼, 《과학철학의 이해》, 박영태 옮김, 이학사, 2003년.
- 제임스 쿠싱, 《물리학의 역사와 철학》, 송진웅 옮김, 북스힐, 2006년.
- 조앤 베이커, 《일상적이지만 절대적인 양자역학지식 50》, 배지은 옮김, 반니, 2016년.
- 조엘 레비, 데이비드 브래들리, 《화학 캠프》, 이종렬 옮김, 컬처룩, 2013년.
- 존 그리빈, 《사람이 알아야 할 모든 것 : 과학》, 강윤재·김옥진 옮김, 들녘, 2004년.
- 존 허드슨, 《화학의 역사》, 고문주 옮김, 북스힐, 2005년.
- 케네스 포드, 《양자 : 101가지 질문과 답변》, 이덕환 옮김, 까치, 2015년.
- 폴 휴잇, 《알기 쉬운 물리학 강의》, 공창식 옮김, 청범출판사, 1998년.
- 프랑수아즈 발리바르·롤랑 르우크·장 마르크 레비 르블롱, 《물질이란 무엇인가》, 박수현 옮김, 알마, 2009년.
- 피터 앳킨스, 《원소의 왕국》, 김동광 옮김, 사이언스북스, 2005년.
- 후쿠에 준, 《만화 양자역학 7일 만에 끝내기》, 목선희 옮김, 살림Friends, 2016년.

찾아보기

ㄱ

가연성 공기 61–65, 68–69, 80
간섭무늬 211
갈륨 151, 388
갈릴레이, 갈릴레오 86, 388
감각 20, 21, 25–26, 28–29, 37, 41–42, 46, 263, 268, 379
같은 부피 같은 입자 수 110, 112, 114–120, 125, 285–288
게르마늄 151, 388
게이뤼삭, 조제프 110–111, 249
결합 37, 51, 65, 78–79, 82, 94, 96, 100–104, 107, 109–110, 113–114, 116–117, 119, 123, 129, 141, 146, 161, 187, 205–206, 223, 260, 323, 331
고정 공기 57, 59–60, 81
공기 22–23, 26, 29, 37–38, 50–51, 63, 65–66, 77–79, 82, 123, 146, 188, 193, 200, 237, 247–248, 251–252, 284, 328–329, 330, 356, 357
그램당량 184
금 51, 53–54, 56–57, 373
금속 49–55, 61, 65, 77–80, 126–128, 142, 146, 168–169, 173–174, 180, 182, 224–225, 229, 235
기체 7, 58–62, 65, 67, 68–70, 74, 79, 81, 93–94, 96–121, 125, 130, 141–142, 169, 195, 202–205, 217, 246–253, 255, 257–271, 273–276, 278–280, 282, 284–290, 294–297, 307, 310, 313, 316, 323, 335, 350–351, 356, 362, 376, 386–387, 389
기체 관계식 252, 255, 264, 266–267, 271
기체운동론 262, 265, 270, 350, 351, 389
기체의 거동 246

ㄴ

냉기 221–222
네온 201, 204
뉴랜즈, 존 139, 140, 142
뉴턴, 아이작 87, 186, 195, 209–212, 234, 238, 244, 259, 261–264, 267, 333, 378–379, 388–389

ㄷ

단순성의 원리 110, 114, 120, 131
당량 103, 107, 185

대기압 247–248, 273, 330
대전 127, 188, 373–374
데모크리토스 31–32, 34–39, 43, 97–98, 103, 258, 340, 386
데이비, 험프리 128–131, 169, 173, 178–179, 187, 387
돌턴, 존 96–111, 114–115, 118–121, 124, 126, 136, 155, 192, 223, 260–261, 286, 334, 337, 376–377, 387
동력 214, 356, 388
등가 244–245, 250

ㄹ

라부아지에, 앙투안 7, 47, 65, 72–90, 93–95, 104, 106, 110, 135, 185–186, 191–192, 194, 196, 216, 223, 227–228, 241–242, 255–256, 284, 377, 386–388
라이덴병 127–128, 169, 180, 182
랜덤워크 360
러더퍼드, 어니스트 373–374

ㅁ

마그네슘 128, 130
마흐, 에른스트 333–339, 389
매질 213–214
맥스웰 속력 분포 276
맥스웰, 제임스 195, 214–215, 259, 266, 276–281, 290, 294–297, 313, 317, 334–335, 356–357, 360, 369, 376, 388–390
멘델레예프, 드미트리 133, 140, 142–143, 145–146, 148–151, 153, 156–158, 204, 387
무게 58, 61–62, 64, 70, 75, 77–79, 81, 82, 89, 98, 103, 108, 110, 134, 152, 159, 192, 206, 208, 234, 248, 270, 287, 295, 308, 321, 338, 372
물 23–24, 29, 37, 38, 51, 59, 68, 80, 82, 93, 107, 109, 110, 114, 122, 123, 179, 193, 193, 223, 224, 299, 310, 328–330, 359, 361
물리량 234, 302
물리학 197, 211, 296, 317, 333, 360, 388, 390
물질 13, 25, 38, 53, 58, 65, 111, 129, 139, 201, 225, 279, 320, 338, 340, 350, 388
밀리컨, 로버트 373

ㅂ

반발력 99, 105, 118–119, 172–174, 223, 260–261, 267
방사능 373

배수 비례의 법칙 101, 104, 107, 111, 387
번개 169, 180
베르누이, 다니엘 262-265, 267-268, 389
베르셀리우스, 옌스 108-110, 114-118, 120-121, 124, 129, 155-156, 158, 167, 173-175, 387
보일, 로버트 247-249, 251-252, 259-264, 301, 334, 337, 388
보일의 법칙 248-249, 251-252, 261, 263-264
볼츠만, 루트비히 266-276, 281, 285, 290-291, 293-297, 308-318, 333-338, 340, 345-347, 356, 360, 363-365, 369, 376-377, 379, 389-390
볼타, 알레산드로 126-127, 126-128, 168-169, 180, 182, 200
부피 62-64, 78-79, 81, 93, 96-97, 110-121, 125, 182, 208, 223, 248-253, 258-259, 261, 264, 266-268, 271, 273-274, 285-289
분광기 199-200, 203, 388
분광법 201-205
분자 110, 117-118, 121-122, 124-126, 146, 174, 195, 250, 260-261, 269, 276, 278, 282, 284-285, 287-289, 310, 314, 316, 323, 325, 328-330, 341, 350, 357, 359, 361-362, 387, 389
분젠, 로베르트 199-200, 388
분젠버너 200, 388
불연속적 101, 191
브라운, 로버트 356
브라운운동 341, 356-357, 359-361, 389
블랙, 조지프 57-59, 61, 69, 81, 224-225
비례상수 235, 388
비열 57, 225
비활성기체 204-205
빛 65, 78, 82, 89, 140, 193, 197-199, 201, 203, 207-215, 234, 245, 264, 325, 331, 358, 388-389

ㅅ

4원소설 51, 55, 62, 388
사고실험 284, 389
산소 59-60, 78-82, 94, 97-102, 107-112, 114-116, 118, 120, 123-125, 128, 174, 249, 284, 286-287, 323, 350, 386
산화수 60, 67
샤를, 자크 249, 251-252
샤를의 법칙 249, 251-252

샤틀레, 에밀리 뒤 238
샹쿠르투아, 알렉상드르 드 138
속력 분포 함수 276
수산화나트륨 103, 128
수산화칼륨 103, 128
수소 61, 80-82, 105, 107-111, 112, 114, 120, 123-125, 128, 131-132, 138, 146, 159, 181-182, 184, 201-202, 204, 249, 284-287, 350, 362
스칸듐 151, 388
스펙트럼 199, 201-207, 213, 387
시안산 124

ㅇ

아낙시만드로스 24, 26
아낙시메네스 22-23
아르곤 203-204
아리스토텔레스 35, 51, 234, 386
아보가드로 가설 110, 113-115, 120-121, 125-126, 282, 285-290, 295, 350, 387
아보가드로, 아메데오 110-118, 174-175, 387
아보가드로수 344, 348-351, 353-355, 357, 361-363, 372-387, 389
아산화질소 130, 387
아인슈타인, 알베르트 195, 244, 333, 357-363, 371-372, 379, 388-389
아토모스 36
알파입자 373-374
양극 129, 188
양성 108, 119, 173-174
양이온 188
양자 190-191, 358, 369, 387, 390
양자화 190-191
양전하 172-173, 221, 374
에너지 195, 209, 233-246, 261-262, 268-269, 274, 279, 284, 287-288, 299-303, 305-308, 311-313, 317, 323, 325, 328-331, 358, 369, 388, 389
에너지 분포 311, 317
에너지보존법칙 209, 237, 239, 241, 262, 299-300, 302, 307, 311, 388-389
에네르기아 234
H 정리(볼츠만) 317
F=ma 87, 378-379
엔트로피 266, 291, 302-308, 310, 313-317, 389

역선 193-194, 196-197
역학적 에너지 235, 302-303
역학적 일 236, 240, 243-245, 300, 304-305, 307, 314-316
연금술 51-57, 59, 71, 93, 373, 388
연소 66, 78, 82, 199, 200, 203, 223, 239
열 49, 52, 53, 55, 57, 78, 82, 86, 89, 94, 142, 199, 200, 218, 220-237, 240-247, 250-251, 258, 260, 264, 298-318, 325-328, 336, 356, 357, 359, 388-389
열기 221
열기관 231-232, 302, 307
열량 57, 225, 229, 234-235, 303, 305-306, 308, 310
열소 94-95, 99, 223-224, 228, 233, 237, 241, 260-261, 298, 377, 388
열에너지 235, 299, 303, 308
열역학 231, 249, 265, 297, 300, 302, 307-308, 314-315, 317-318, 336, 386, 388-389
열역학 제1법칙 300, 307, 388
열역학 제2법칙 265, 302, 307, 307, 315, 318, 318, 388-389
열의 방향성 298-300, 302
영, 토머스 211, 388
옥타브 법칙 139
온도 50, 60, 93, 94, 112-113, 115, 141, 146, 224-226, 229, 231-234, 237, 244, 245, 248-253, 258-259, 264-265, 267-269, 271, 273-274, 276, 278, 284-285, 287-289, 295, 298-303, 306-308, 310, 313, 315-316, 323, 325-330, 335, 337, 351, 376, 388-389
운동에너지 235-236, 238, 268-269, 274, 284, 287-288, 299-301, 305, 306, 313, 329
원소 51, 55, 62, 81-84, 89, 93-96, 100-104, 107-109, 122-128, 129-134, 136, 138-142, 145-149, 151-153, 157, 168-169, 173-174, 201-206, 214, 223-224, 226, 230, 241, 323, 373, 387-388, 390
원소표 89, 94-95
원자 1, 3, 7, 9, 11-17, 20-21, 31-32, 35-46, 84-85, 92, 95-110, 113-114, 117-126, 129, 131-142, 145-167, 173-176, 184-186, 188-196, 198, 203-206, 215, 217-220, 223, 239, 243, 244-247, 250, 255, 257-278, 284, 286, 289-296, 308, 310-329, 331, 333-351, 358-368, 371-390
원자가 123-125, 136, 138, 146-147, 149, 153, 204-205
원자량 108, 114, 120-122, 125-126, 129, 131-132, 134, 138-142, 145, 147-149, 151-153, 184, 189, 203-204, 206, 286, 350, 387
원자론 16, 20, 36, 38-44, 92, 97, 102, 103, 107, 109, 136, 262, 286, 310, 324, 333, 342, 346, 351, 372, 376-377, 386, 389
유기화학 122, 125

유체 170-173, 175-176, 190-191, 260, 279, 282
유클리드 29, 208
음극 129, 173, 188
음성 108, 119, 174
음이온 188
음전하 172-173, 221, 374
이산화탄소 59, 81-82, 284
이상기체 252, 276
이상기체 상태방정식 252
이성질 현상 108, 124-125, 387
이중 슬릿 실험 211
일(Work) 229-240, 243-245, 301-307, 314-316, 330
일정 성분비의 법칙 102-104, 107
입자 9, 11, 15, 36, 99, 104, 110, 112-120, 125, 138, 185, 192, 197, 209-213, 246-247, 252, 260-263, 266-271, 274, 276-277, 279-281, 284-201, 315-316, 322, 350, 356-360, 368, 373-375, 390

ㅈ

자석 119, 180
잠열 57, 225-226
장센, 피에르 202-203
전기 61, 108, 119, 126-129, 140, 142, 161, 165-177, 180-194, 205, 206, 215, 218, 221, 235, 240, 259, 264, 294, 297, 308, 325, 331, 358, 369, 386-389
전기분해 128-129, 168-169, 173, 177, 181-185, 187, 189-192, 194, 205
전기에너지 235, 238
전기유체 172-173, 175-176
전기화학적 2원론(베르셀리우스) 129, 387
전류 127-128, 168, 170, 180, 183-184, 188-189, 388
전자 171, 174, 185, 368, 374
전자기유도 180, 389
전자기력 193, 322
전하 171-174, 185, 189, 200, 221, 230, 287, 373-374
전하량 보존의 법칙 171
절대온도 231, 249-251, 269, 302, 327, 388
점성도 279-280
정규분포 277, 313
정수 비율 110-112
정수배 100-101, 104, 132, 191

제논 204
족(주기율표) 145–147, 204–205
종파 212
주기(주기율표) 138, 142, 145
주기율표 138, 145–153, 155–158, 184, 189, 203–206, 214, 246, 286, 321, 387, 390
줄, 제임스 233–235, 238–241, 246, 248, 250, 259, 264–265, 388
중력 61, 172, 235, 244, 285, 322, 361, 389
증기기관 230, 232, 299, 305, 388
진공 247, 260, 390
질량 48, 71–72, 75–76, 83, 85–89, 93, 95–96, 100–102, 104, 107–108, 117–118, 120, 145, 183–185, 189, 209, 224, 229, 234, 238–241, 243, 261, 284–285, 288, 308, 350–351, 359, 361, 369, 374, 386
질량 보존의 법칙 76, 118, 241, 386
질소 79, 97–101, 108, 111, 116, 249, 284

ㅋ

카르노, 니콜라 231–233, 237, 299–302, 306, 388–389
카르노기관 231–233
칸니차로, 스타니슬라오 125–126
캐번디시, 헨리 60–66, 68–69, 79–80, 110, 128, 386
쿠퍼, 아치볼드 123
쿨롱, 샤를 172–173
크룩스, 윌리엄 373
크립톤 204
클라우지우스, 루돌프 265–271, 274–276, 278, 281–283, 295, 300, 302, 304–307, 313–314, 334, 337, 388–389
키르히호프, 구스타프 199–200, 202–203, 388

ㅌ

탄산구리 102
탄산수 59
탈레스 22–24
탈플로지스톤 60–63, 65–70, 74, 78
탈플로지스톤 공기 60–63, 65–69, 78
토리첼리, 에반젤리스타 247–248, 260
톰슨, 벤저민(럼퍼드 백작) 226–230, 233, 237, 264, 386, 388

톰슨, 윌리엄(켈빈 경) 249–250, 264, 269, 388
톰슨, 조지프 368, 374

ㅍ

파동 193, 197, 207–214, 388
파르메니데스 26–30, 39–43, 88
파인만, 리처드 13, 378, 389
파장 207, 210, 212–214, 331
패러데이 전기분해 법칙 185, 187, 189, 194
패러데이, 마이클 177–187, 190, 192, 194–195, 197–198, 214–217, 259, 356, 367, 373, 387–390
퍼텐셜에너지(위치에너지) 235–236, 307
페랭, 장 361–362, 364, 372–373, 389
평균자유행로 270–271, 278–281, 389
폴즈, 마리안(라부아지에 부인) 73, 227, 386
풀민산 124
프라우트, 윌리엄 131–132, 138
프라운호퍼, 요제프 폰 199, 201, 203, 387
프랭클린, 벤저민 169–173, 180
프루스트, 조제프 102
프리스틀리, 조지프 59–61, 65, 67–68, 72, 74, 79, 386
프리즘 199, 207, 209
플라톤 29, 34–35, 40–41, 386
플랑크, 막스 369
플로지스톤 65–71, 75, 80, 82, 176, 239
피셔, 에른스트 104
피타고라스 29

ㅎ

하위헌스, 크리스티안 209–210, 212, 388
헤라클레이토스 25, 43
현자의 돌 53
화학 57, 61, 65, 70, 73, 76, 82, 84, 93, 95, 103–110, 113, 120–122, 126, 131, 136, 138, 155–156, 161, 182–185, 243, 245, 259, 286, 336, 351, 386–388, 390
화학반응 58, 76, 86, 101–103, 107, 111–114, 122, 153, 204–205, 218, 223–224, 259, 286, 295, 323, 326, 335, 376, 388

화학식 108, 114, 117–118, 120–121, 174, 181
《화학원론》 82–84, 387
화합물 81–82, 84, 96, 100–104, 108–113, 122–124, 128–129, 169, 173, 181, 204, 316, 323, 386
확률 262, 276–277, 296, 312–317, 326, 336, 360
활력 234
활력 공기 60, 66–67
황산 102–103, 181–182
회절 현상 210, 212
횡파 212

아톰 익스프레스
원자의 존재를 추적하는 위대한 모험

초판 1쇄 발행 2018년 12월 7일
초판 8쇄 발행 2025년 4월 16일

지은이 조진호
감수 김상욱·김범준
펴낸이 최순영

출판1 본부장 한수미
컬처 팀장 박혜미
기획 박경아
디자인 이세호

펴낸곳 (주)위즈덤하우스 **출판등록** 2000년 5월 23일 제13-1071호
주소 서울특별시 마포구 양화로 19 합정오피스빌딩 17층
전화 02) 2179-5600 **홈페이지** www.wisdomhouse.co.kr

ⓒ 조진호, 2018

ISBN 979-11-6220-976-9 07400
       979-11-6220-987-5 (세트)

- 이 책의 전부 또는 일부 내용을 재사용하려면 반드시 사전에 저작권자와 ㈜위즈덤하우스의 동의를 받아야 합니다.
- 인쇄·제작 및 유통상의 파본 도서는 구입하신 서점에서 바꿔드립니다.
- 책값은 뒤표지에 있습니다.